JN416944

기계공학도를 위한

전기기초실험

정석권 저

도서출판 GS인터비전

머리말

오늘날 우리는 4차 산업혁명이라는 거대한 변화의 물결에 직면하고 있다. AI 기술은 생활의 일부가 되고 있고, 빅데이터, 로봇 기술 등은 눈부시게 발전하며 산업 전반에 새로운 패러다임 전환을 요구하고 있다.

이러한 산업 전반의 극적인 변화에도 불구하고 전기는 여전히 분배와 제어의 용이성 및 클린에너지로서의 장점이 부각되면서 그 중요성이 점차 높아지고 있다. 이처럼 중요한 전기이지만 정작 이를 배우는 기계공학도들은 대부분 전기를 두려워하거나 이론 자체를 어려워한다. 전자기학을 비롯한 다양한 분야들이 복합되어 있으며 체험을 통한 경험적 지식보다는 정교한 이론을 통해서만 그 존재를 명확히 설명 가능한 부분이 많아서이지 않을까 싶다. 사실 복잡하고 어려운 전기장치들도 기초를 명확히 이해하고 실험을 통해 그 원리를 체득하고 나면 전기기기에 조금은 친숙해 질 수 있다. 특히 기계공학도들은 전기 전공의 학과 학생들에 비해 관련 과목들이 현저히 적고, 한 학기 정도의 전기회로 이론 교육만으로 그치는 경우도 있어 전기공학은 피상적인 이론의 이해 수준에 그치고 만다.

본 저자도 한 학기 동안 기계공학 계열 학생들의 기초전기공학을 담당해 오고 있지만 그 내용이 너무 기초적인 이론 학습 수준에 머물러 있다. 이로 인해 학생들은 전기공학 응용에 대한 실제적인 경험이 없는 까닭에 산업체로 진출하거나 대학원 과정에 진학해서도 각종 전기기기의 활용, 전기 계측장치를 이용한 실험 등에 불편함을 느끼거나 어려움을 종종 호소하곤 한다. 이런 문제점을 조금이나마 해소하기 위해 전기기기실험을 통해 대략 한 학기에 소화 가능한 10개 정도의 실험테마를 만들어 학생들이 직접 실험하게 한 결과, 상당한 학습 성과를 거두었다. 이때 사용된 자료들을 정리하여 본 교재를 집필하게 되었다.

전기기기와 관련하여 다양한 실험테마를 폭 넓게 다룬 훌륭한 전기기기실험 교재들은 이미 많이 출판되어 있다. 따라서 전문적인 내용이 필요한 경우는 이들 교재들을 활용하는 것이 바람직하다. 본 교재는 한 학기 정도의 기초전기 이론만을 배운 기계계열 공학도들이 비교적 쉽게 전기에 관한 기초실험을 할 수 있도록 배려하였다. 또한 실제 산업현장에서 활용도가 높은 테마들을 골라 난이도별로 실험 진행이 가능하게 하였다. 특히, 최근 생산시스템에서 에너지 절약 성능이 강조되고 있고, 스마트팩토리(smart factory)에 대한 관심이 높은 점을 감안하여 전동기와 인버터(inverter), 시퀀스제어와 PLC(Programmable Logic Controller)장치들에 대한 실험테마도 추가하였다. 이들 장치들은 기계공학도들이 향후 산업현장에서 엔지니어로 근무할 경우 접할 기회가 많은 관계로 이들에 대한 기초적인 경험을 쌓을 수 있도록 초보적인 수준의 내용들을 수록하였다.

본 교재는 학생들의 자율주도형 학습이 가능한 형식을 지향하였다. 실험목적을 명확히 제시한 다음 관련 지식 일부만을 참고용으로 제시하였다. 나머지 내용들은 학생들이 다양한 자료로부터 스스로 찾아 학습과 실험을 병행하고 결과를 정리해 자신만의 전기기기실험 노트로 꾸며갈 수 있도록 하였다. 다만, 전기회로 기초 이론과 시퀀스제어의 유접점제어, 그리고 실험에 사용된 실험장치 관련 내용은 그 일부를 부록으로 정리하였다.

본 교재는 전기회로 및 전기기기에 관련한 극히 단편적인 내용들을 다루고 있어 부족한 부분들이 많겠지만, 앞으로도 지속적으로 내용을 보완해 가고자 한다. 이 책이 전기를 배우는 기계공학도들에게 있어 실험을 통해 전기에 대한 막연한 두려움을 떨치고, 자신감을 갖는 데 일조하게 되기를 기대해 본다. 끝으로 이 책의 발간을 위해 자료를 정리해 준 대학원생 이재민, 한창호 군의 노력과 부족한 원고의 출판을 흔쾌히 맡아준 GS인터비전 출판사의 송기수 사장님의 배려에 지면을 빌어 깊은 감사를 드리는 바이다.

2018년 7월

저자 정 석 권 씀

목차

제1부

실험테마 소개와 실험준비

1.1 실험 테마 소개

본 교재에서 다루는 실험 주제는 표 1.1과 같다. 15주 과정을 기본으로 과목 소개와 기초 이론 강의, 평가에 소요될 시간을 감안하여 10개의 실험 테마를 선정하였다. 표 1.1에는 실험제목과 더불어 그 실험의 성격을 분류 란에 기술하고 이 실험이 갖는 난이도와 실험장치 구성과 관련된 안전도를 명시하였다.

추가 실험이 가능할 경우, DC회로 해석, 전기기기 응용의 실험 테마를 추가하는 것이 바람직할 것으로 생각된다.

특히 냉동공조공학을 전공으로 하는 학생들을 위해 시퀀스제어는 표준냉동시험장치와 공기조화장치를 대상으로 실험 테마를 구성하였다. 이 부분은 학과 성격에 따라 관련 학과의 전공 성격에 맞게 테마를 수정, 조정 가능할 것으로 생각된다.

공기조화장치와 PLC(Programmable Logic Controller)는 실험을 위해 장치 전반에 관한 예비지식이 필요하므로 이 부분을 부록에 일부 정리하였다.

표 1.1 실험제목 및 분류

구분	실험제목	분류	난이도/안전도
T1	R, L, C 값의 측정	전기회로 소자	하/안전
T2	DC 회로 기초 실험(합성 저항, 주요 법칙)	DC회로 해석	하/안전
T3	오실로스코프를 이용한 교류 정보 측정	AC회로 해석	중/주의
T4	교류 단상 및 3상 회로의 전력과 역률 측정	AC회로 해석 (전력과 역률)	중/주의
T5	시퀀스제어 회로의 결선	시퀀스제어	중/주의
T6	표준 냉동 실험장치의 시퀀스제어	시퀀스제어	중/안전
T7	DC 모터의 속도제어(DC power supply)	전기기기 및 제어	상/안전
T8	AC 모터의 속도제어(Inverter & I.M)	전기기기 및 제어	상/주의
T9	PLC를 이용한 AC모터의 속도제어	융합	상/안전
T10	가변속 압축기를 갖는 공기조화장치의 온·습도제어	융합	상/안전

1.2 실험보고서 양식

1.2.1 겉표지 양식 [서식1]

전기기초실험 보고서

제 목	R, L, C 값의 측정	T1

실험일자	20XX. xx. XX
제출일자	20XX. xx. XX

조	학번	성명	출석
1	201800001	박전기	√
	201800002	이기기	√
	201800003	김실험	√
	201800004	장보고	√

성적평가

평점	A	B	C	D	확인
	우수 (100~90)	양호 (89~80)	보통 (79~70)	불량 (69~60)	

상세분석

실험 자세 (20%)	실험 정확성 (40%)	보고서 수준 (30%)	준비와 정리 (10%)	합 계 (100%)
20점	40점	30점	10점	

1.2.2 속표지 양식 [서식2]

제 목	R, L, C 값의 측정	T1

실험일자	20XX. XX. XX

조	학번	성명	출석
1	201800001	김전기	√
	201800002	이기기	√
	201800003	박실험	√
	201800004	장보고	√

실험성적 상세 평가표

항목	수준	점수	평가 세부 내용	평 가
실험 자세(20점)	상	20	자세가 진지하며, 팀웍이 양호함	
	중	16	자세와 팀웍이 보통	
	하	10	자세와 팀웍이 불량함	
실험 정확성(40점)	상	40	데이터가 정확하며 고찰이 우수함	
	중	32	데이터의 수준이 보통 또는 고찰 보통	
	하	20	데이터의 엄밀성이 없거나 고찰 불량	
보고서 수준(30점)	상	30	정리가 양호하고 내용이 우수함	
	중	24	정리 상태, 내용이 보통 수준임	
	하	15	정리가 불량하거나 내용이 부족함	
준비와 정리(10점)	상	10	준비가 치밀하고, 정리 상태가 우수	
	중	8	준비가 보통이거나 정리 상태 보통	
	하	5	준비가 불량하거나 정리 상태 불량	
합계 100 점				

1.3 실험보고서 작성 요령

(1) 보고서 작성 순서를 준수한다.

1) 실험목적, 실험장치, 계측기기, 실험방법, 실험결과, 고찰, 후기 순으로 작성한다.

(2) 내용은 알아보기 쉽게 간결, 명료하게 정리한다.

1) 한글 워드프로세스로 문서를 작성, 적절한 여백, 폰트와 글자 크기(11 pt 이상, 12 pt 이하)를 선정하여 보고서를 깔끔하게 작성(양쪽 정렬)한다.
2) 내용을 장과, 절, 항과 목 등으로 구분하여 계통적이고 체계적으로 정리한다.
3) 장황한 서술식 표현은 지양하고, 개조식으로 요점을 간결, 명료하게 기술한다.
4) 실험장치, 계측기기 등은 사진으로 제시하고, 실험결과는 표나 그래프 형식으로 정리한다.
5) 필요시 데이터를 도식화 하여 전체적인 경향을 파악할 수 있도록 정리한다.
6) 그림은 그 내용을 알 수 있도록 선명하게 작성하며, 그래프는 각 축의 라벨과 단위를 반드시 표기하되 적정 폰트를 선택하여 식별이 쉽도록 해야 한다.
7) 예비지식은 긴 설명보다 실험목적에 충실한 내용 설명에 중점을 둔다.

(3) 과학적이고 논리적인 분석과 추론이 돋보이도록 정리한다.

1) 고찰은 이론값과 실험값의 비교, 오차 값의 크기, 오차 원인의 추론 및 추론의 합리적 근거를 제시하고 실험 목적에 근거한 내용에 초점을 맞춘다.
2) 후기는 감상적인 내용은 지양하고, 실험상의 문제점, 실험 장치의 개선 희망 사항, 실험 시의 애로 사항 등을 솔직하게 기술한다.
3) 실험 데이터는 복수 회(3회 이상) 계측한 후 엄밀히 처리하고, 오차, 신뢰 가능 범위 등을 밝힌다.

(4) 참고 문헌과 자료 인용 시에는 그 출처를 보고서에 밝힌다.

1) 웹사이트의 사진, 그림, 자료 등을 무분별하게 보고서에 인용하는 것은 피한다.
2) 통계자료는 최근(4년 이내)의 자료를 인용하고 출처를 명확히 표기해야 한다.
3) 내용 파악이 어렵고, 해상도가 낮은 사진, 표 등은 인용하지 않는 것이 바람직하다.
4) 검색엔진을 통해 취득한 그림, 일반적 내용, 수식 등을 자신이 직접 재작성하지 않고 원문을 복사해 그대로 인용하는 것은 바람직하지 않다.

1.4 실험 시 주의 사항

1.4.1 실험 절차

1) 이 과목은 부주의한 기기 조작, 운전, 계측 시 생명을 위태롭게 할 수도 있는 위험이 수반되므로 고도의 주의력이 요구된다.
2) 실험 시 최대한의 주의 집중과 적절한 전기 안전수칙을 필히 준수해야 한다.
3) 실험 시 아래의 주의사항을 반드시 숙지한 후에 실험에 임해야 한다.
4) 실험 목적을 명확히 파악한 후, 관련 준비 사항과 지식들을 파악한 다음, 교재에서 제시한 실험 절차에 따라 실험한다. 실험장치는 손상되지 않도록 안전하게 다루어야 한다.
5) 아래의 주의사항 1과 주의사항 2를 읽고 실험에 임한다.

1.4.2 실험 시의 주의 사항

(1) 주의사항 1

1) 실험기기의 조작은 본 실험 교재의 해당 실험 메뉴얼에 지정된 순서를 따른다.
2) 실험에 필요한 준비 지식을 사전에 확인하고 조사하여 내용을 파악한다.
3) 잘 모르는 사항은 지도교수나 실험조교의 도움을 받아 실험을 진행한다.
4) 실험장치가 작동 중인 때에는 무단으로 자리를 옮기거나 비우지 않는다.
5) 실험 종료 후, 실험기기 및 계측기, 실험대 주변을 깨끗이 정리한다.
6) 실험 테이블 위에는 음료수, 가방, 휴대폰 등을 방치하지 않도록 주의한다.
7) 계측기가 파손되지 않도록 사용 시 각별히 주의한다.
   - 측정량 크기에 근접한 값 이상으로 계측기의 측정 범위를 선택할 것.
   - 전압은 병렬, 전류는 직렬(선을 끊고)로 연결하여 측정할 것.

(2) 주의사항 2

1) 전원 투입 시 지도교수의 확인을 요하는 실험은 반드시 지시에 따른다.
2) 전기회로와 기기의 접속, 분리, 기기 이동 시에는 장치의 전원을 OFF 한다.
3) 실험기기의 전원 스위치를 넣기 전에 동료의 안전을 반드시 재확인 한다.
4) 전원 투입 시 팀원 모두에게 전원 투입 사실을 반드시 주지시킨다.
5) 약속된 팀원 1명만이 전원을 조작하고, 나머지 인원은 전원 조작을 금한다.
6) 젖은 손이나 맨발로 전기기기 및 전기 배선에 접촉해서는 안된다.

제2부

실험테마와 실험

2.1 R, L, C 값의 측정

2.1.1 실험 목적

1) 멀티미터(multimeter)를 이용하여 저항의 값을 측정하는 방법과 저항에 표시된 색띠 코드를 통해 저항(resistor)의 값을 읽는 방법을 익힌다.
2) LCR미터를 이용하여 커패시터(capacitor)와 인덕터(inductor)의 크기를 측정하는 방법을 익힌다.
3) R, L, C 소자가 전기회로에서 각각 어떤 역할을 하는지와 종류별 특성을 파악한다.
4) R, L, C의 기본 단위를 알고, 소자에 표시된 숫자를 통해 값을 파악하는 방법을 익힌다.

2.1.2 실험장치(부품) 및 계측기기

1) 각종 저항(고정저항, 가변저항), 커패시터(capacitor) 및 인덕터(inductor)
2) Multimeter
3) LCR미터

2.1.3 준비 지식

1) 저항의 재료에 따른 종류를 조사하고 그 특징과 용도를 파악한다.
2) 저항에 표시된 색띠 코드로부터 저항 값의 크기를 파악하는 방법을 조사한다.
3) 교류회로에 주로 사용되는 커패시터와 인덕터의 특성, 종류 및 용도를 파악한다.
4) 저항, 인덕턴스, 커패시턴스의 단위를 조사한다.
5) Multimeter, LCR미터의 사용 방법에 대해 조사한다.
6) 가변저항의 작동 원리와 저항의 정격전력에 대해 이해한다.

2.1.4 실험

(1) 고정 Resistor 값 측정(Multimeter 사용)

표 2.1 고정 저항 값의 측정

	R_1	R_2	R_3	R_4	R_5
정격값[Ω]					
측정값[Ω]					
오 차[%]					

※ 저항은 $R_1 > R_2 > R_3 > R_4 > R_5$ 크기 순으로 기록할 것.

※ 정격값은 색띠 코드로부터 구한 저항 값의 크기를 기록할 것.

※ 측정값은 저항 값의 크기를 멀티미터로 3회 측정하여 평균한 값을 기록할 것.

※ 정격값, 측정값은 식별이 편리하도록 크기에 따라 단위를 달리해서 표기함.

(2) 가변 Resistor 값 측정(Multimeter 사용)

표 2.2 가변 저항 값의 측정 [전체저항: Ω]

	45°	90°	135°	180°	225°	270°	315°
정격값[Ω]							
측정값[Ω]							
오 차[%]							

※ 정격값은 공칭값(저항 표면에 기재된 값)을 기준으로 회전각 비율을 곱할 것.

※ 가변저항의 회전각이 360° 가 아닐 경우, 실제 회전 가능한 각도를 취할 것.

※ 정격값, 측정값은 식별이 편리하도록 크기에 따라 단위를 달리해서 표기함.

(3) Inductor 값 측정(LCR미터 사용)

표 2.3 인덕터 값의 측정

	L_1	L_2	L_3	L_4	L_5
정격값[H]					
측정값[H]					
오 차[%]					

※ 정격값은 인덕터에 부착된 숫자 또는 색띠 판독으로 구한 값을 기록할 것.

※ 인덕터는 $L_1 > L_2 > L_3 > L_4 > L_5$ 크기 순으로 기록할 것.

※ 측정값은 LCR미터로 3회 측정하여 평균한 값의 크기를 기록할 것.

※ 값의 단위는 알기 쉬운 크기로 적절하게 수정하여 사용할 것.

(4) Capacitor 값 측정(LCR미터 사용)

표 2.4 커패시터 값의 측정

	C_1	C_2	C_3	C_4	C_5
정격값[F]					
측정값[F]					
오 차[%]					

※ 정격값은 커패시터 표면에 적힌 값을 토대로 환산하여 기록할 것.

※ 커패시터는 $C_1 > C_2 > C_3 > C_4 > C_5$ 크기 순으로 기록할 것.

※ 측정값은 LCR미터로 3회 측정하여 평균한 값의 크기를 기록할 것.

※ 값의 단위는 알기 쉬운 크기로 적절하게 수정하여 사용할 것.

2.1.5 고찰

1) 각 실험 결과를 그래프로 나타내고, 오차 발생 원인을 분석하고 추론한다.
2) 오차의 신뢰 수준에 대해 검토한다.
3) 저항의 재료에 따른 오차의 크기 변화를 고찰한다.
4) 가변저항에서 회전각에 따른 저항 값의 변동 원리를 고찰한다.
5) 실험에 사용한 저항의 정격전력 값을 조사하고 그 의미를 파악한다.
6) 인덕터와 커패시터는 사용시 크기(값) 외에 무엇을 고려해야 하는지 조사한다.
7) LCR미터를 이용한 인덕터와 커패시터의 측정 원리를 고찰한다.
8) 저항, 인덕터, 커패시터의 기본 단위의 의미를 고찰한다.
9) 저항, 인덕터, 커패시터의 부품에 표시된 기준 단위를 고찰한다.
10) 기타 언급되지 않은 사항 가운데 고찰이 필요한 부분에 대해 기술한다.

▶ MEMO

▶ MEMO

2.2 DC 회로 기초 실험

2.2.1 실험 목적

1) 저항의 직렬 및 병렬 연결(접속)시 합성(전체, 등가) 저항값에 대하여 이해한다.
2) 저항의 직렬 연결 시 전압과 저항의 관계를 알아본다.
3) 저항의 병렬 연결 시 전류와 저항의 관계를 알아본다
4) 회로에서 옴의 법칙이 성립하는지를 확인한다.
5) 회로에서 KCL과 KVL이 성립하는지를 확인한다.
6) 전압분배법칙과 전류분배법칙이 성립하는지를 확인한다.

2.2.2 실험장치(부품) 및 계측기기

1) 전기회로실험장치
2) 직류전압계, 직류전류계, 저항, 리드선, 휴즈(fuse)

2.2.3 준비 지식

1) 옴의 법칙을 조사한다.
2) 저항의 직렬, 병렬 연결 시 회로의 합성저항을 구하는 방법에 대해 조사한다.
3) KCL과 KVL을 조사한다.
4) 전압분배법칙과 전류분배법칙을 파악한다.

2.2.4 실험 준비

1) 전기회로실험장치에 AC전원을 투입, 장치에 전원이 공급되었는지 확인한다.
2) AC로부터 DC로 변환되는 회로를 결선하고, 실험에 적절한 DC전압을 선택한다.
3) 세부 실험 항목별 장치 결선도에 따라 부품(서랍 속)을 선택하여 꽂고, 리드선으로 결선한 후 값을 계측한다.

   ※ 결선 도중에는 DC회로의 전원 공급 스위치를 반드시 OFF 한다.

2.2.5 실험

(1) 옴의 법칙(Ohm's Law) 실험

1) 기본회로

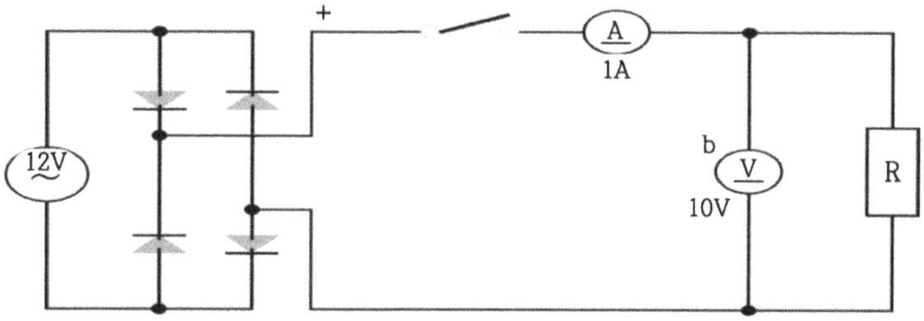

그림 2.1 옴의 법칙 실험 회로

2) 옴의 법칙 실험을 위한 회로 결선도

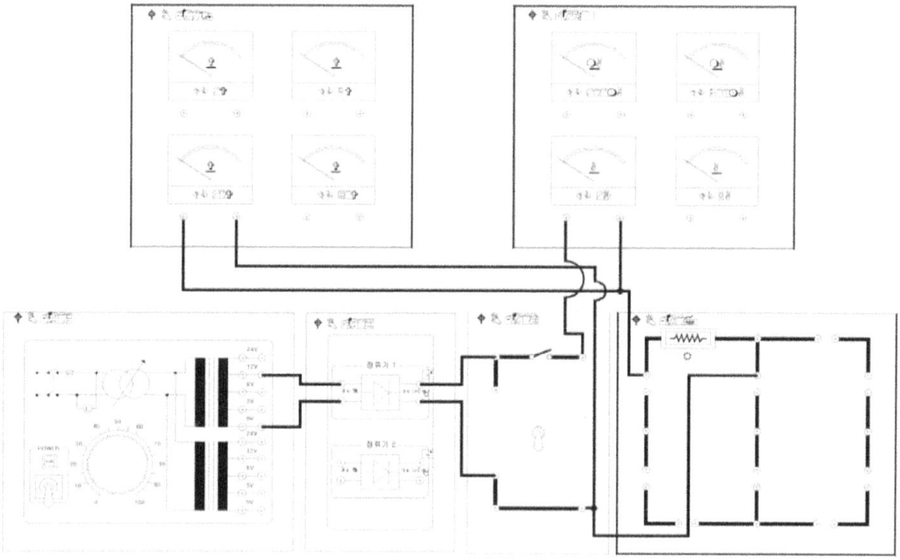

그림 2.2 회로 결선도

3) 저항을 4[Ω]으로 선택하고 전원 인가 모듈의 손잡이를 돌려 전압을 가변시키면서 해당 인가 전압과 그 때의 전류 값을 측정하여 표 2.5에 기록한다.

표 2.5 [저항 $R = 4\Omega$]

전압 E[V]	1	2	3	4
전류 I_t / I_m[A]				
저항 R_m[Ω]				
전류오차 [%]				

※ 하첨자 t는 이론적인 계산값, m은 실제 회로 상에서 측정한 값을 각각 나타냄.

※ 오차는 전류의 이론값(R 사용)과 실제 측정값(R_m 반영)의 차이를 나타냄.

4) 표 2.5로부터 옴의 법칙이 성립함을 밝힌다.

5) 전원 전압 스위치를 OFF 한 다음 저항을 10[Ω]으로 바꾸고 스위치를 ON 한 후, 전압을 5[V]로 맞춘다.

6) 전압을 5[V]로 고정하고 저항을 바꾸면서 전류를 측정하여 표 2.6에 기록한다.

7) 표 2.6으로부터 옴의 법칙이 성립함을 밝힌다.

표 2.6 [전압 $E = 5V$]

저항 R[Ω]	10	15	20	50
전류 I_t / I_m[A]				
저항 R_m[Ω]				
전류오차 [%]				

※ 하첨자 t는 이론적인 계산값, m은 실제 회로 상에서 측정한 값을 각각 나타냄.

(2) 저항의 직·병렬 연결 시 합성 저항 구하기

1) 저항의 직렬연결 기본 회로($R_1 = 15[\Omega]$, $R_2 = 4[\Omega]$, $R_3 = 2.2[\Omega]$)

2) 전압 10[V], 저항을 직렬로 연결한 후, 전류값을 표 2.7에 기록한다.

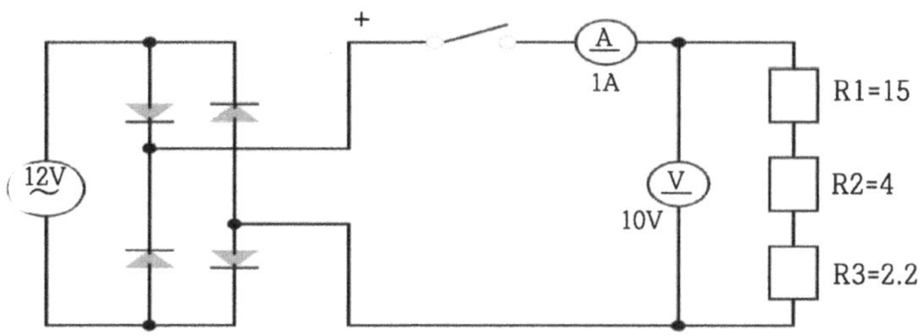

그림 2.3 저항의 직렬연결

표 2.7 [전압 $E = 10V$]

저항 R[Ω]	R_1	R_1 & R_2	R_1 & R_2 & R_3
전류 I_t / I_m[A]			
저항 R_m[Ω]			
저항 R_t[Ω]			
저항오차 [%]			

※ 하첨자 t는 이론적인 계산값, m은 실제 회로 상에서 측정한 값을 각각 나타냄.

3) 표 2.7로부터 어떤 사실을 알 수 있는지 분석한다.

4) 저항을 병렬연결 회로($R_1 = 20[\Omega]$, $R_2 = 15[\Omega]$, $R_3 = 10[\Omega]$)로 전환한다.

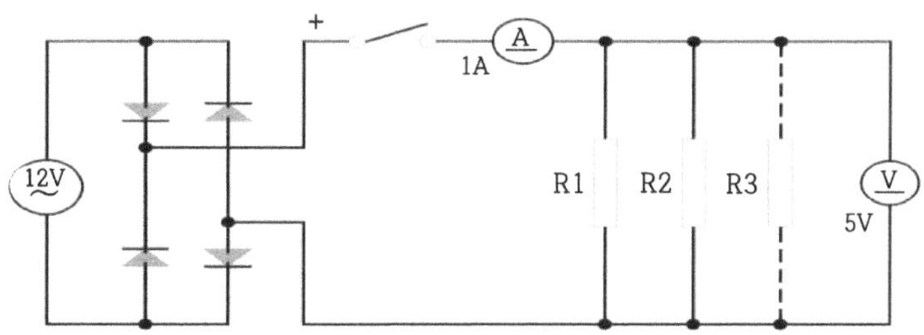

그림 2.4 저항의 병렬연결

5) 저항은 $R_1 = 20[\Omega]$, $R_2 = 15[\Omega]$, $R_3 = 10[\Omega]$을 선택한다.

6) 전압 4[V], 저항을 병렬연결한 후, 전류를 측정하여 표 2.8에 기록한다.

7) 표 2.8로부터 어떤 사실을 알 수 있는지 분석한다.

표 2.8 [전압 $E = 4V$]

저항 $R[\Omega]$	R_1	R_1 & R_2	R_1 & R_2 & R_3
전류 I_t / I_m[A]			
저항 $R_m[\Omega]$			
저항 $R_t[\Omega]$			
저항 오차[%]			

※ 하첨자 t는 이론적인 계산값, m은 실제 회로 상에서 측정한 값을 각각 나타냄.

(3) KVL 실험

1) 기본회로

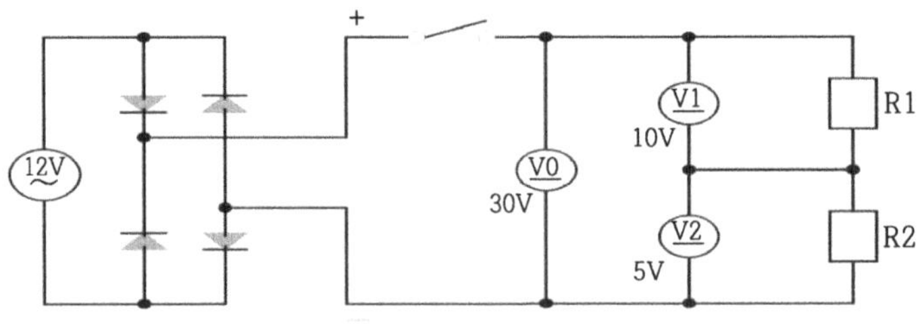

그림 2.5 저항의 직렬연결 회로

2) 스위치를 ON 한 다음 E=6[V]가 되도록 조정하고 표 2.9에 기록된 저항값에 따라 저항을 연결하고 전압을 측정하여 표에 기록한다.

3) 표 2.9로부터 어떤 사실을 알 수 있는지 분석한다.

표 2.9 [전압 $E=6V$]

		개별측정값 V_m[V]		측정값의 합 V_m[V] (V_1+V_2)	계산값 V_t[V] (전압분배칙 적용)
실험1	R_1=10[Ω]	V_1			
	R_2=10[Ω]	V_2			
실험2	R_1= 4[Ω]	V_1			
	R_2=10[Ω]	V_2			

※ 하첨자 t는 이론적인 계산값, m은 실제 회로 상에서 측정한 값을 각각 나타냄.

(4) KCL 실험

1) 기본회로

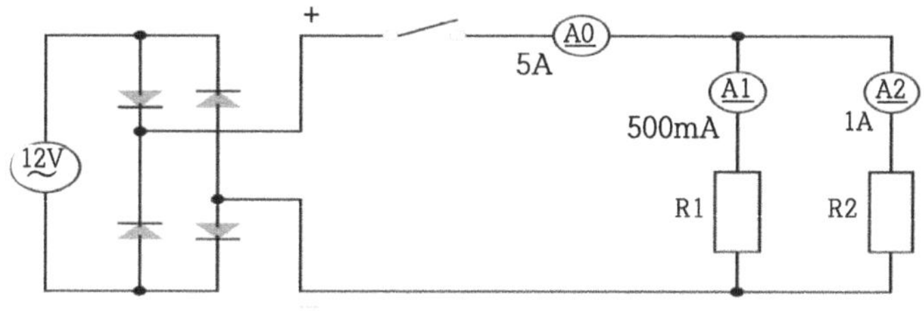

그림 2.6 저항의 병렬연결 기본회로

2) 스위치를 ON 한 다음, 전원 전압 E=10[V]가 되도록 조정하고 표 2.10에 기록된 저항값에 따라 저항을 연결하고 전류를 측정하여 표 2.10에 기록한다.

3) 표 2.10으로부터 어떤 사실을 알 수 있는지 분석한다.

표 2.10 [전압 $E=10V$]

	개별측정값 A_m[A]		측정값의 합 A_m[A] (A_1+A_2)	계산값 A_t[A] (전류분배칙 적용)
R_1=15[Ω]	A_1			
R_2=10[Ω]	A_2			

2.2.6 고찰

1) 각 표의 오차 원인을 분석하고 추론한다.
2) KVL은 직렬회로, KCL은 병렬회로에서만 의미를 가지는 이유에 대해 살펴본다.
3) 전압계는 부하에 병렬로, 전류계는 직렬로 연결하는 이유를 설명해 보자.
4) 전류 측정 시 전류계를 부하에 병렬로 연결하면 어떤 문제가 발생할 수 있는지를 파악한다.
5) 전압분배법칙과 전류분배법칙이 갖는 의미에 대해 살펴본다.
6) 기타 언급되지 않은 사항 가운데 고찰이 필요한 부분에 대해 기술한다.

▶ MEMO

▶ MEMO

2.3 오실로스코프를 이용한 교류 정보 측정

2.3.1 실험 목적

1) 교류회로의 기초를 이해한다.
2) 원하는 교류 정보를 파악할 수 있도록 오실로스코프의 조작법을 익힌다.
3) 오실로스코프의 그래프로부터 각 정보의 크기를 읽는 방법을 익힌다.
4) 오실로스코프를 이용하여 교류의 4대 정보를 계측할 수 있다.
5) 저항회로에서 정격전력의 의미를 파악한다.

2.3.2 실험장치(부품) 및 계측기기

1) 오실로스코프(전압 측정용 플러그), 전류계(Clamp-meter)
2) 슬라이닥스(변압기)
3) 저항회로(권선저항)

2.3.3 준비 지식

1) 오실로스코프의 동작 원리를 조사한다.
2) 오실로스코프의 종류와 종류별 특징을 이해한다.
3) 교류의 4대 정보와 오실로스코프로 이들을 계측해야 하는 이유를 조사한다.
4) 오실로스코프 노브(knob) 가운데 time 및 volt division의 조작법을 익힌다.
5) 최대값(maximum value)과 실효값(rms value)의 관계를 파악한다.
6) 저항 선택 시 정격전력을 고려해야 하는 이유를 조사한다.

2.3.4 실험[전원 투입은 지도교수 확인 하에 실시할 것!]

(1) 교류회로 기초 실험 : 저항의 직렬 및 병렬 연결 시의 전류값 측정

1) 권선저항을 정격전력과 저항값을 확인하여 그림 2.7과 같이 연결한다.

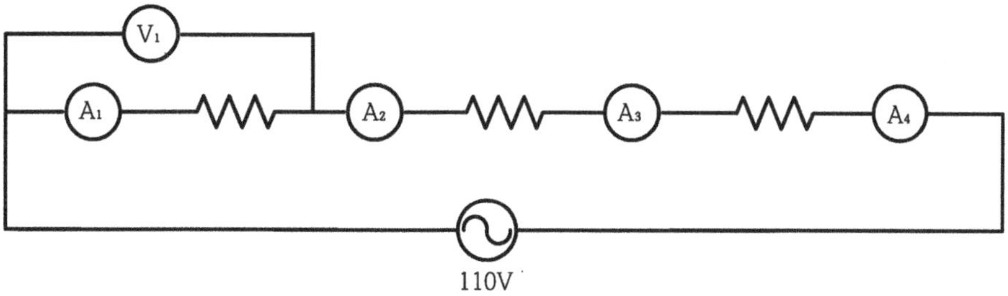

그림 2.7 권선저항의 직렬연결 회로

2) 전류계(clamp-meter)를 이용하여 A_1~A_4 값을 계측한 후, 표 2.11에 기록하고 직렬회로에서의 전류 특징을 확인한다.
3) 동일한 크기의 저항 3개를 이용하여 병렬연결 회로를 구성하고 직렬회로와 동일한 방법으로 전체 전류 및 분기 전류값을 조사한 후 표 2.12에 기록한다.
4) 실험 결과로부터 저항의 직렬과 병렬연결 회로의 차이점을 명확히 이해한다.

표 2.11 [단, V_s=110 V R_1=R_2=R_3=100 Ω 정격전력 = W]

	A_1	A_2	A_3	A_4
전류 I_t[A]				
전류 I_m[A]				
오차 [%]				

표 2.12 [단, V_s=110 V R_1=R_2=R_3=100 Ω 정격전력 = W]

	A_1(전체전류)	A_2	A_3	A_4
전류 I_t[A]				
전류 I_m[A]				
오차 [%]				

※ 표에서 I_t는 이론값, I_m은 측정값을 각각 나타냄.

※ A_2, A_3, A_4는 분기(지로) 전류임.

(2) 오실로스코프를 이용한 교류 정보 측정

1) 전압 가변장치를 통해 V_s(전원전압)를 가변시켜 표 2.13의 내용을 측정할 수 있도록 오실로스코프의 각종 노브를 조정한다.
2) 파형 측정 후, 측정값의 타당성을 분석하고, 파형을 디지털 저장장치에 저장한다.
3) V_s를 조절, 오실로스코프를 이용하여 파형 계측 후 표 2.13에 기록한다.
4) 실험이 끝나면 모든 스위치를 OFF 하고 실험장치, 계측기를 정리정돈 한다.
5) 디지털 저장장치에 기록된 파형은 출력하여 보고서 작성 시 첨부한다.

표 2.13

V_s[V]	100	80	60	40
최대값[V]				
실효값[V]				
파 형				
주파수[Hz]				

2.3.5 고찰

1) 저항회로를 직렬, 병렬로 연결할 때 정격전력을 고려해야 할 이유를 밝힌다.
2) 최대값과 실효값의 관계가 이론에 부합하는지를 조사한다.
3) 저항회로에서는 전압과 전류의 위상차가 발생하지 않는 이유를 밝힌다.
4) 각종 멀티미터에 비해 오실로스코프가 가지는 장점에 대해 기술한다.
5) 기타 언급되지 않은 사항 가운데 고찰이 필요한 부분에 대해 기술한다.

▶ MEMO

▶ MEMO

2.4 교류 단상 및 3상회로의 전력과 역률 측정

2.4.1 실험 목적

1) 각종 전력계의 사용법을 익히고 와트미터(watt-meter)를 이용하여 단상회로의 전력 및 역률을 측정하는 방법을 익힌다.
2) 3상전력계의 사용법을 익히고 전력계를 이용하여 3상회로의 전력 및 역률을 측정하는 방법을 익힌다.
3) R만의 부하, R-L부하에 따라 역률이 발생하는 원리를 파악하고, 실제 측정을 통해 이론의 타당성을 확인한다.
4) 부하의 결선 방식에 따른 전력 변화를 확인한다.

2.4.2 실험장치(부품) 및 계측기기

1) 클램프미터(Clamp-meter)
2) 3상전력계(Watt-meter), 멀티미터
3) 전기히터, 3상 유도전동기(Induction Motor, IM)

2.4.3 준비 지식

1) 전력과 역률의 개념, 정의에 대해 조사한다.
2) 단상교류의 전력과 역률 계산법을 익힌다.
3) 3상교류의 전력과 역률 계산법을 익힌다.
4) 단상 및 3상 전력 측정 회로 결선법을 익힌다.
5) Y, Δ결선의 정의와 결선법, 그리고 그 특징을 조사한다.

2.4.4 실험

(1) 단상 전력 및 역률 측정(단상전력계, R 부하 사용)

1) R부하(R_1, R_2)를 결선용 보드에 순차 연결하고 회로에 교류 전원을 투입한다.
2) 부하를 3단계(R_1, R_2, R_1&R_2)로 가변하여 저항, 전류, 전압, 전력을 멀티미터 또는 클램프미터로 측정한 후 표 2.14에 기록한다.
3) 표 2.14에서 저항의 이론값은 3회 측정된 평균값으로 측정값과 동일함.

표 2.14 [단, V_s = V, R_1 = Ω, R_2 = Ω]

	이 론 값				측 정 값				전력 오차[%]
	R_t[Ω]	I_t[A]	V_t[V]	P_t[W]	R_m[Ω]	I_m[A]	V_m[V]	P_m[W]	
부하1(R_1)									
부하2(R_2)									
총 부하 ($R_T = R_1$&R_2)									

※ 전압은 저항의 정격전력을 고려하여 인가할 것. R_t=R_m은 3회 측정한 평균값임.

※ 총 부하는 두 저항의 병렬연결 시의 합성저항임.

(2) 3상 전력 및 역률 측정(3상전력계 및 유도전동기 사용)

1) 3상 유도전동기 회로에 3상전력계를 연결한다.
2) 유도모터의 name plate(명패)를 참조하여 주요 사양을 표 2.15에 정리하고, 그 의미를 기술한다.
3) 유도모터를 Y 결선한 후 전원을 투입하여 3상전력과 역률을 측정하여 표 2.16에 기록한다.
4) 유도모터를 Δ 결선한 후 전원을 투입하여 3상전력과 역률을 측정하여 표 2.16에 기록한다.
5) 표 2.16의 결과를 바탕으로 Y 및 Δ 결선에 따른 전력 측정값과 이론값을 상호 비교하여 이론의 타당성을 검증한다.

표 2.15 유도전동기의 주요 사양

정격출력	정격회전수	정격전류	정격전압	정격토크	역률

※ 단위를 정확히 기입할 것.

표 2.16 결선 방식에 따른 전력값의 변화

결선	I[A]	V[V]	$\cos\theta$	P_t[W]	P_c[W]	P_m[W]	오차[%]
Y							
Δ							

※ P_t[W](이론 전력) 계산 시에는 역률 $\cos\theta$를 0.7로 계산할 것. P_m은 측정값임.

※ P_c[W](계산 전력) 계산 시에는 3상전력 공식을 이용할 것.

2.4.5 고찰

1) 표 2.14와 표 2.15에서 발생한 오차의 원인에 대해 분석한다.
2) 전기히터와 유도전동기에서의 역률이 각기 다른 이유를 밝힌다.
3) 역률이 전력수급에 미치는 영향과 역률 개선 방법은 무엇인지를 파악한다.
4) 표 2.14의 작성을 위한 실험용 전기히터의 배선을 파악하여 전원 스위치와 저항 연결도를 그리고, 각 저항을 계측하는 점을 각각 표시하라.
5) 표 2.15에서 정격토크는 명패에 없지만, 이를 명패에 있는 정격값으로부터 계산하는 원리를 설명하라.
6) 표 2.16에서 이론적인 역률값(일반적인 값)과 실제 측정된 역률값이 크게 다른 이유에 대해 그 원인을 밝힌다.
7) 표 2.16에서 유도전동기의 결선 방식에 따른 전압과 전력의 차가 발생하는지를 조사하고 그 이유를 밝힌다.
8) Capacitor를 이용하여 역률 보정을 하는 원리에 대해 조사한다.
9) 상용모터의 역률이 일반적으로 얼마인지 조사하여 기록한다.
10) 기타 언급되지 않은 사항 가운데 고찰이 필요한 부분에 대해 기술한다.

▶ MEMO

2.5 시퀀스제어 회로의 결선

2.5.1 실험 목적

1) 시퀀스제어의 의미를 이해한다.
2) 시퀀스회로 표시에 이용되는 접점의 기호와 각 부품 간의 결선법을 익힌다.
3) 회로 결선을 통해 시퀀스제어 구성 요소별 사용법을 익힌다.
4) 시퀀스 기본회로(자기유지회로, 선입력우선회로, 인터록회로)를 익힌다.
5) 시퀀스도의 작성법과 시퀀스도를 보고 이를 판독하는 방법을 익힌다.
6) 유접점 회로의 주요 부품인 MC(Magnetic Contactor), 타이머 등에 대한 작동 원리를 익힌다.

2.5.2 실험장치(부품) 및 계측기기

1) 시퀀스제어 회로판(2EA)
2) MC(전자접촉기), 푸시버튼스위치, 토글스위치, 타이머, 램프, 부저, 리드선
3) 결선 및 연결 공구(드라이버, 와이어스트리퍼, 니퍼, 압착기 등)

2.5.3 준비 지식

1) 시퀀스 회로도의 독해법을 조사한다.
2) 시퀀스제어 구성 요소의 작동 원리를 이해한다.
3) 접점(a, b, c)의 종류와 작동 원리에 대해 조사한다.
4) 주회로와 제어회로(보조회로)에 대해 조사한다.
5) MC에서 각 접점의 의미와 a, b 접점의 구별법, 여자의 의미를 파악한다.
6) 푸시버튼스위치의 동작 원리를 조사한다.
7) 시퀀스제어의 문제점, 장점 등을 조사한다.
8) 유접점제어 및 무접점제어의 장, 단점을 파악한다.
9) 자기유지회로의 필요성에 대해 조사한다.

10) 사용자(user)의 최초 및 최종 지령이 어떤 부품으로 구현되는지 파악한다.

11) 시퀀스도에서는 MC의 코일과 접점이 분리되어 있지만 실제는 어떤지 조사한다.

12) MC와 relay의 차이점을 파악한다.

13) MC에서 a와 b 접점을 확인하는 방법을 조사한다.

2.5.4 실험[전원 투입은 지도교수 확인 하에 실시할 것!]

(1) Lamp 병렬운전 회로 결선

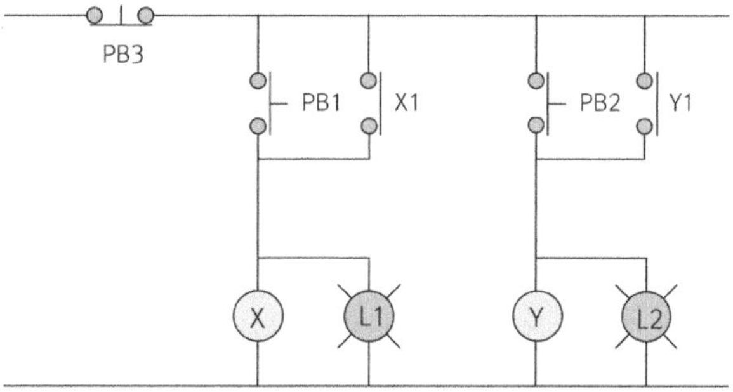

그림 2.8 Lamp 병렬운전 회로

1) 장치의 실제 결선도를 파악하여 시퀀스도에서 생략된 전원부를 도시한다.

2) 동작 원리를 이해한다.
   ① 푸시버튼스위치 PB1을 ON 하면 Lamp1(L1)이 점등
   ② 푸시버튼스위치 PB2를 ON 하면 Lamp2(L2)가 점등
   ③ 푸시버튼스위치 PB3를 OFF 하면 Lamp1, Lamp2 모두 소등

3) 시퀀스도에 따라 결선, 전원 투입 후, 스위치를 작동하여 동작을 검증한다.

4) 실험의 각 단계별 동작 상태를 촬영하여 보고서에 첨부한다.

5) 시퀀스도에 생략된 부분을 복원하여 실제 배선도를 작성 후 보고서에 기술한다.

(2) 선입력 우선회로 시퀀스 회로 결선

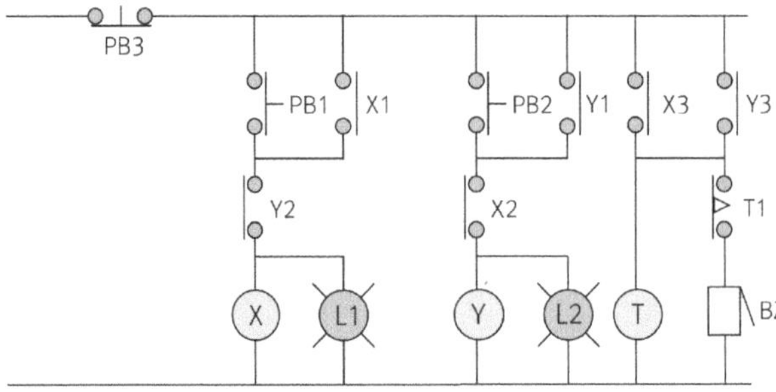

그림 2.9 선입력 우선회로

1) 장치의 실제 결선도를 파악하여 시퀀스도에서 생략된 전원부를 도시한다.

2) 동작 원리를 이해한다.

① PB1을 ON 하면 코일 X가 여자(excitation)되고, 램프 L1이 점등

② 접점 X1(a), X3(a)는 닫히고, 접점 X2(b)는 열림

③ 접점 X3가 닫히므로 타이머 T가 동작하고 부저 BZ가 울림

④ 타이머에 설정된 시간이 경과하면 접점 T1이 열리므로 BZ의 울림이 멈춤

⑤ PB2를 ON 하여도 접점 X2가 열려 있으므로 코일 Y가 동작할 수 없게 되어 램프 L2가 점등되지 않음

⑥ PB2를 PB1보다 먼저 ON 하면 코일 Y가 동작하고, 램프 L2가 점등

⑦ 접점 Y1(a), Y3(a)는 닫히고, 접점 Y2(b)는 열림

⑧ 접점 Y3가 닫히므로 타이머 T가 동작하고 부저 BZ가 울림

⑨ 타이머에 설정된 시간이 경과되면 접점 T1이 열리므로 BZ의 울림이 멈춤

⑩ PB1을 ON 하여도 접점 Y2가 열려 있으므로 코일 X가 동작할 수 없게 되어 램프 L1이 점등되지 않음

⑪ PB3를 ON 하면 회로의 제어 전원이 차단되어 모든 동작이 정지됨

3) 시퀀스도에 따라 결선하고 전원 투입 후, 스위치를 작동하여 동작을 검증한다.

4) 실험의 각 단계별 동작 상태를 촬영하여 보고서에 첨부한다.

2.5.5 고찰

1) 유접점제어(기계접점)와 무접점제어(전자접점)의 장, 단점에 대해 알아보자.
2) 유접점제어가 많이 활용되는 실제 예를 조사해 보자.
3) 무접점 시퀀스제어의 대표적인 제어장치가 무엇인지 조사해 보자.
4) 시퀀스제어와 피드백제어의 차이점에 대해 조사하고 보고서에 기술하라.
5) 시퀀스제어에 사용되는 스위치의 종류를 들고 그 특징에 대해서도 조사하라.
6) 주회로와 보조회로를 갖는 시퀀스도를 제시하고 주회로와 보조회로의 의미에 대해 고찰하라.
7) 한시회로의 접점 종류와 의미를 조사하여 보고서에 기술하라.
8) 시퀀스도에 생략된 부분(전원부)을 복원하여 실제 배선도를 작성 후 보고서에 기술하라.

▶ MEMO

▶ MEMO

2.6 표준 냉동 실험장치의 시퀀스제어

2.6.1 실험 목적

1) 선입력우선회로 및 자기유지회로의 동작 원리를 이해하고 실제 시퀀스 회로를 구성하여 표준 냉동 실험장치를 운전할 수 있다.
2) 선입력우선회로 및 자기유지회로에 의한 표준 냉동 실험장치의 운전, 정지 과정을 회로도를 보고 설명할 수 있다.
3) 온도조절스위치를 이용한 온도 제어의 원리를 이해하고 온도조절스위치를 필요한 값으로 설정하고 조정할 수 있다.
4) 회로도를 보고 온도조절스위치를 이용한 온도 제어를 냉동 실험장치의 모터 부하와 연결시켜 냉동사이클을 구성, 운전할 수 있다.

2.6.2 실험장치(부품) 및 계측기기

1) 표준 냉동 실험장치
2) 압축기, 응축기, 응축기 팬 모터, 증발기 팬 모터, 전자밸브(SV), 팽창밸브, 온도조절스위치

2.6.3 준비 지식

1) 표준 냉동 실험장치의 운전 회로를 이해한다.
2) 냉동사이클의 구성 요소와 각 요소의 기능을 조사한다.
3) 표준 냉동 실험장치의 온도 제어 회로도를 이해한다.
4) 시퀀스제어의 원리를 이해한다.
5) 시퀀스도의 독해법과 각종 접점(a, b, c)에 대해 이해한다.
6) MC(전자접촉기), relay(릴레이), push button 등의 구조와 작동법을 조사한다.
7) 온도조절스위치의 작동 원리에 대해 조사한다.
8) 시퀀스 회로가 필요한 이유에 대해 조사한다.

2.6.4 실험

(1) 표준 냉동 실험장치 운전

1) 시퀀스도를 이용하여 표준 냉동 실험장치의 제어 회로를 결선한다.
2) 회로 제어 동작 과정을 숙지한 후, 스위치를 입력하여 동작 과정을 검증한다.
3) 실험의 각 단계별 동작 상태를 촬영하여 보고서에 첨부한다.

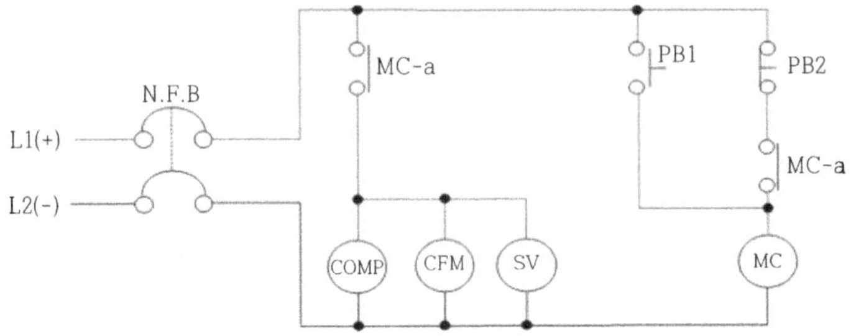

그림 2.10 표준 냉동 실험장치 운전 회로 시퀀스도

(2) 표준 냉동 실험장치의 온도 제어

1) 그림 2.11과 같이 제어 회로를 결선한다.

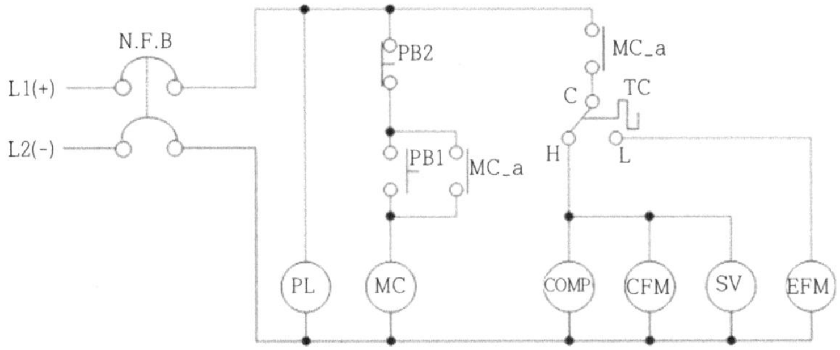

그림 2.11 온도조절스위치에 의한 온도 제어 회로도

2) 온도조절스위치의 설정 온도와 온도 편차를 표 2.17과 같이 변경시키면서 증발기 입구와 출구의 온도를 측정하여 표 2.17에 기록한다.
3) cut in과 cut off 점을 확인하여 표 2.17에 기록한다.

표 2.17

순서	설정온도[℃]	온도편차[℃]	증발기 입구[℃]		증발기 출구[℃]		cut in [℃]	cut off [℃]
1	7	3						
2	5	1						
3	3	2						
4	1	2						
5	−1	2						

2.6.5 고찰

1) 온도조절스위치(TC)에서 온도 편차(gap or band)를 설정하는 이유를 알아본다.
2) cut in과 cut off의 제어 결과로 온도 분포가 어떤 형태로 나타나는지를 추론해 본다.
3) 이 결과를 토대로 온도 정밀도와 입력 에너지 사이에 절충문제(trade-off)가 발생하는 이유를 살펴보고 어떤 온도 제어 형태가 바람직한지를 고찰해 본다.
4) 온도 제어 회로의 동작을 구체적으로 기술한다.
5) 기타 언급되지 않은 사항 가운데 고찰이 필요한 부분에 대해 기술한다.

▶ MEMO

▶ MEMO

2.7 DC 모터의 속도제어

2.7.1 실험 목적

1) 전기자 전압제어에 의한 DC 모터의 속도제어법을 익힌다.
2) DC 모터의 구성, 동작 원리, 속도제어 원리를 이해한다.
3) 역기전력의 의미를 이해한다.

2.7.2 실험장치(부품) 및 계측기기

1) DC 모터
2) 타코미터
3) DC 가변 전압원(DC power supply)

2.7.3 준비 지식

1) DC 모터의 구동 원리를 파악한다.
2) DC 모터의 속도 제어법에 대해 조사한다.
3) 속도계측법, 역기전력, 역기전력 상수, 토크상수 개념을 조사한다.
4) 산업 현장에서 DC 모터가 AC 유도모터로 점차 대체되고 있는 이유에 대해 파악한다.
5) 전기자와 계자, 회전자와 고정자는 어떤 기준에 따른 구분인지, 그리고 그 역할을 조사한다.
6) DC 모터의 등가회로에 대해 조사한다.
7) DC 모터의 입력전압 V_a로부터 속도 출력 N까지의 전달함수를 파악한다.

2.7.4 실험

1) 전원을 차단한 상태에서 아마추어 저항 R_a를 3회 이상 계측, 평균값을 기록한다.
2) DC 모터에 가변 전압원의 프로브를 연결시킨다. (극성에 주의할 것!)
3) 전압을 표 2.18과 같이 가변시키면서 전류 I_{am}[A]과 속도 N_m[rpm]을 계측한다.

4) 전압과 전류에 근거하여 모터가 소비하는 전력[W]을 계산한다.

5) 공식으로부터 $K\Phi$, 그리고 역기전력상수 K_e를 고려한 역기전력 V_r, 모터에 실제 인가되는 전압 V_i, 그리고 저항을 고려한 전류 I_{ac}를 각각 계산한다.

표 2.18 [$K\Phi_{av}$ = , R_a= Ω]

	전압 V_a[V]	10	15	20	25	30
①	전류 [A]					
②	전력 [W]					
③	회전수 N_m [rpm]					
④	전류 I_{am} [A]					
⑤	$K\Phi(K_e)$ [ ]					
⑥	역기전력 V_r [V]					
⑦	회전수 N_c [rpm]					
⑧	$V_i = V_a - V_r$ [V]					
⑨	전류 I_{ac} [A]					

2.7.5 고찰

1) 사용하는 DC 모터의 주요 사양, 모터 타입을 표로 정리한다. (모터 사양은 모터 하부의 명패를 참조하기 바람)

2) DC 모터의 회로 방정식에 근거한 입력전압 V_a와 출력 속도 N까지의 블록 다이어그램을 그리고 역기전력의 의미가 무엇인지를 파악한다.

3) $K\Phi$ 값이 모터 설계 시 무엇에 의해 지배되는 인자인지, 그리고 그 물리적 의미는 무엇인지를 조사한다.

4) DC 모터의 등가회로를 그리고 아마추어 전압제어로 속도가 제어되는 원리를 파악한다.

5) 표 2.18의 ① ~ ⑨에 따른 값들을 계측하여 기입한다. 또한 어떤 근거로 계산되었는지를 관련 수식을 제시하여 밝힌다.

6) $N = \dfrac{V_a - I_a R_a}{K\Phi}$ 의 관계를 파악하고 $K\Phi$가 인가전압에 관계없이 항상 일정한지를 조사한다. 그리고 5회 실험한 평균값을 표 2.18의 "$K\Phi_{av}$ ="에 기입한다.

7) 실제 측정 회전수 N_m과 전압과 전류의 관계식 $N=\dfrac{V_a-I_aR_a}{K\Phi_{av}}$로부터 계산한 속도 N_c 사이에 오차가 발생한 원인에 대해 분석한다.
8) 역기전력을 수식으로 나타내고 그 값과 단위를 표에 기록한다.
9) 역기전력 V_r을 고려하면 실제로 모터에 인가되는 전압 V_i는 인가전압 V_a와는 어떻게 다른지를 확인한다.
10) 정상상태(steady-state)에서의 전류 계측값인 I_{am}이 저항으로부터 계산한 I_{ac}와 일치하는지, 어느 정도의 오차가 발생하는지를 살펴보고 옴의 법칙 성립 여부를 고찰한다.
11) 표 2.18의 결과를 전류와 전압, 전압과 전력, 속도와 역기전력, 전압별 $K\Phi$, 인가전압과 회전수, I_{am} - I_{ac} 관계 등을 도식화 하고 이를 통해 파악한 내용에 대해 분석한다.
12) 모터의 저항값 R_a 계측 시에 값이 계속적으로 변동하는 이유에 대해 조사해 보자.
13) 저항값 R_a를 정밀하게 계측할 수 있는 방법에 대해 조사해 보자.
14) 모터의 운전 전과 운전 종료 이후에 저항값 R_a가 변동하는지 조사해 보자. 그리고 그 이유를 설명해 보자.
15) DC 서보모터의 경우, 자여자 방식과 타여자 방식 가운데 어느 쪽이 일반적인지 그리고 그 이유는 무엇인지 밝혀라.
16) DC 모터의 구성도를 파악하여 보고서에 등가회로를 그려라.
17) DC 모터의 속도 식을 유도하고 이를 보고서에 기술하라.
18) DC 모터의 입력전압 V_a와 출력 속도 N까지의 전달함수를 구하라.

▶ MEMO

▶ MEMO

2.8 AC 모터의 속도제어

2.8.1 실험 목적

1) 인버터(inverter)의 기본 구성과 적용 필요성을 알아본다.
2) 인버터의 적용 분야 및 기대 효과를 알아본다.
3) 인버터 적용 시의 장점 및 활용 포인트를 알아본다.
4) 유도전동기(3상, 농형)의 구조와 장점을 이해한다.
5) 유도전동기의 결선법의 종류와 그 특징을 이해한다.
6) 인버터를 이용한 유도전동기의 속도 제어 원리와 슬립 개념을 파악한다.
7) 인버터 제어 시 에너지가 절약되는 원리를 이해한다.

2.8.2 실험장치(부품) 및 계측기기

1) 상용 인버터(V/f=일정형, SV008iG5-2U)
2) 유도전동기(3상 농형)
3) 타코미터(Tachometer)

2.8.3 준비 지식

1) 인버터의 정의에 대해 조사한다.
2) 인버터의 기본 구성 및 분류(주회로, 변조방식, 제어방식)에 대해 조사한다.
3) 인버터의 사용 목적 및 적용 시 장점은 무엇인지 파악한다.
4) "V/f=일정"제어의 원리와 f 제어 시 전압도 동시에 제어하는 이유에 대해 조사한다.
5) 유도전동기의 동작 원리를 이해한다.
6) 유도전동기의 Y, Δ 운전의 필요성과 그 결선법에 대해 조사한다.
7) 전원 동기속도(주파수), 슬립의 의미와 정의에 대해 조사한다.

2.8.4 실험[전원 투입은 지도교수 확인 하에 실시할 것!]

1) 유도전동기의 명패(name plate, 모터 상부에 부착)와 인버터 사양서(인버터 부착)를 확인하여 필요한 주요 사양(정격값)을 확인한 후, 표 2.19에 기록한다.

표 2.19

	극수	회전수[rpm]	전력[W]	전압[V]	전류[A]
유도전동기					
인 버 터					

2) 유도전동기의 결선법을 Y 결선으로 한 후 표 2.20에 기록한다.
3) 유도전동기를 상용전원에 연결한 후 결선법에 따른 속도 변동 여부를 확인한다.
4) 결선법을 Δ로 바꾸어 실험하고 표 2.20에 2)와 같은 방법으로 기록한다.
5) 결선법의 정의에서 극성은 어떻게 정하는지를 파악한다.

표 2.20

	초기 결선법 : Y결선	후기 결선법 : Δ결선
근거 (3상 결선도 상세히 표시)		

6) 상용전원(60Hz) 연결 시의 속도[rpm]를 계측하여 표 2.21에 Y/Δ로 구분하여 기록한다.
7) 그림 2.13과 같이 인버터와 유도전동기를 연결한 후, 인버터 주파수 설정에 따른 유도전동기의 회전수를 표 2.21에 기록한다.
8) 인버터로 설정한 주파수와 유도전동기의 속도 관계식이 다음과 같음을 밝힌다.

$$N = \frac{120f}{P}(1-s) \tag{1}$$

9) 이론 회전수 계산 시에는 $s=0$으로 가정한다. 그 이유에 대해서도 알아본다.

표 2.21 [상용전원 연결 시 유도전동기 회전수 : / rpm]

인버터주파수[Hz]		20	30	40	50	60
이론회전수[rpm]						
측정회전수[rpm]	Y					
	Δ					
오 차[%]	Y					
	Δ					
전 압[V]	Y					
	Δ					
전 류[A]	Y					
	Δ					
V/f	Y					
	Δ					

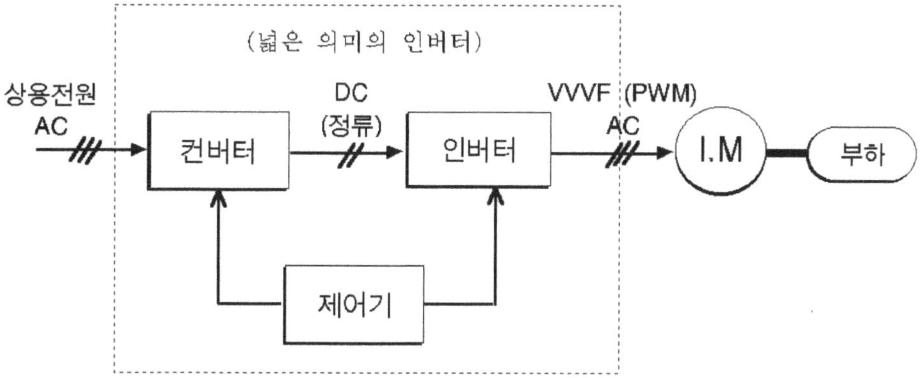

그림 2.12 인버터의 기본 구성

10) $\boldsymbol{Y}$ 및 Δ 결선시 전압(멀티미터)과 전류(클램프미터)를 측정하여 표 2.21에 기록하고 그 결과에 대해 고찰한다.

11) 그림 2.12에서의 넓은 의미의 인버터와 좁은 의미의 인버터 차이점이 무엇인지 고찰에 기록한다.

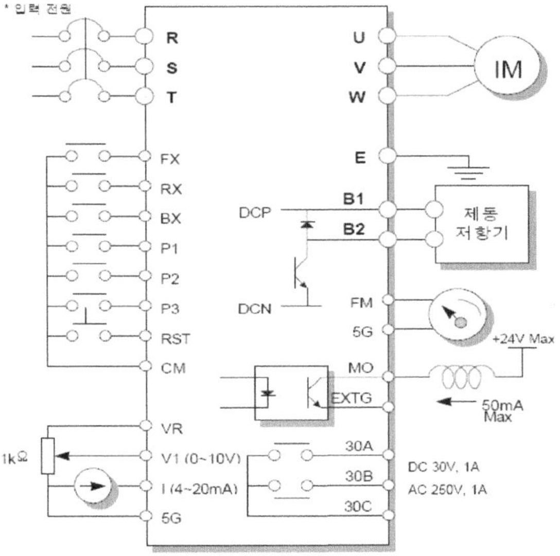

그림 2.13 인버터 기본 구성 및 회로 연결도

12) 유도전동기 슬립(slip) 식을 유도하고, 회전수 N이 N_r, N_c, N_i일 때(60 Hz)의 각 슬립을 조사하여 표 2.22에 기록한다. (단, N_r은 명패에 명시된 정격회전수임)

표 2.22

인자	N_r = [rpm]	N_c = [rpm]	N_i = [rpm]	비고
슬립 s	$s_r =$	$s_c =$	$s_i =$	

※ 속도(N_r:정격, N_c:상용전원, N_i:인버터 사용), 슬립(s_r:정격, s_c:상용전원, s_i:인버터)

2.8.5 고찰

1) 표 2.21로부터 알 수 있는 주요 내용을 5가지 이상 열거하라.
2) 상용전원을 연결한 실험에서 결선 방식에 따라 속도 차이가 나는지를 파악하라.
3) 주파수 제어 시 결선 방식에 따라 속도 차이가 발생하는지를 파악하라.
4) 주파수 변화 시에 V/f의 비가 일정한지? 일정하지 않다면 그 이유는 무엇인지 밝혀라.
5) 결선 방식에 따라 전류값의 차이가 나는가? 그 이유는 무엇인지 밝혀라.
6) 표 2.21의 오차 이유를 밝힌다.
7) 인버터의 광의 및 협의의 정의에 따른 차이점을 구분한다.
8) 슬립은 정격회전수를 기준으로 계산되는 이유를 밝힌다.
9) 유도전동기의 정격 슬립은 대략 어느 정도 크기인지를 파악하여 기술한다.
10) 유도전동기의 Y 및 Δ 결선법에 따른 운전상의 특징을 분석한다.
11) 인버터를 이용한 유도모터의 가변속 제어 이점에 대해 고찰한다.
12) 유도전동기의 회전속도 계측법에는 어떤 방법이 있는지 고찰한다.
13) 동기속도의 의미와 공조시스템에 인버터 적용 시의 에너지 절약 원리를 설명하라.
14) 기타 언급되지 않은 사항 가운데 고찰이 필요한 부분에 대해 기술한다.

회전기기 실험 시에는 회전축에 옷, 장갑 등이 끼이지 않도록 각별히 주의!

▶ MEMO

▶ MEMO

2.9 PLC 프로그래밍-AC모터의 속도제어

2.9.1 실험 목적

1) PLC(Programmable Logic Control)의 기본 구성과 적용 필요성을 이해한다.
2) PLC 제어를 위한 소프트웨어(GMWIN) 활용법, 프로그래밍 방법에 대해 익힌다.
3) PLC의 구성 모듈인 D/A 변환 모듈의 입·출력 변환 특성을 이해한다.
4) 프로그래밍 종료 후, 실행파일 작성 및 PLC에 업로드 하는 방법을 익힌다.
5) 시뮬레이터를 이용해 작성한 프로그램을 시뮬레이션 하는 방법을 익힌다.
6) PLC로 유도전동기의 속도제어 프로그램(LD)을 작성하고, 인버터를 통해 속도를 제어한다.

2.9.2 실험장치(부품) 및 계측기기

1) PLC(GLOFA-GM2, LG산전), GMWIN Software
2) 상용 인버터(V/f=일정형, SV008iG5-2U)
3) 유도전동기(3상, 농형)
4) 타코미터(속도 계측용)
5) Lamp(소형 LED)

2.9.3 준비 지식

1) 그림 2.14의 시퀀스 회로도 동작 원리를 이해하고 이를 PLC로 프로그래밍 하는 방법에 대해 조사한다.
2) 유접점제어와 무접점제어의 차이점에 대해 조사한다.
3) PLC 프로그램의 국제 표준 언어에 대해 조사한다.
4) PLC 프로그램의 입력 접점(a, b 접점)과 출력 코일의 기능에 대해 조사한다.
5) PLC 프로그램의 변수 표현 방식(직접/간접 변수)에 대해 조사한다.
6) D/A모듈의 입출력 변환 특징에 대해 알아본다.
7) 펑션블록(MOVE, TON, DA4INI, DA4WR)의 기능에 대해 조사한다.
8) PLC의 간단한 산술 연산 명령어를 익힌다.

9) PLC용 언어 LD를 이용하여 프로그램을 작성하는 방법을 확인한다.
10) 작성한 프로그램을 디버깅, 실행 파일로 변환하는 방법을 확인한다.
11) 실행 파일을 PLC에 업로드 하는 방법에 대해 조사한다.
12) PLC를 통한 인버터(inverter)에로의 지령값 전달과, 이를 통한 유도전동기의 속도 제어 원리를 파악한다.
13) PLC와 DA 변환 모듈 그리고 인버터와의 결선 방법을 파악한다.
14) 유도전동기의 속도와 주파수 관계를 조사한다.
 * PLC 프로그램은 LS산전에서 제공하는 GLOFA-GMWIN을 사용한다.
 * GLOFA-GM의 교육자료는 http://www.smsanjeon.com의 자료실에서 찾아볼 수 있다.

2.9.4 실험[전원 투입은 지도교수 확인 하에 실시할 것!]

(1) Lamp 병렬운전 회로

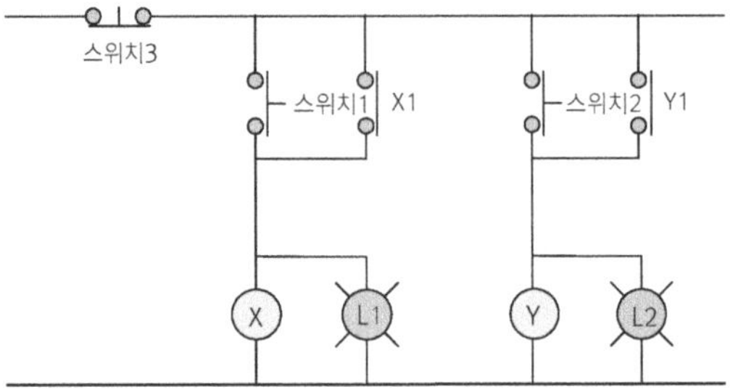

그림 2.14 Lamp 병렬운전 회로

1) 그림 2.14의 시퀀스 회로도와 동일한 PLC 프로그램을 작성한다.
2) PLC 프로그램의 입력 접점, 코일 접점을 사용해서 아래 제어 조건을 만족하는 프로그램을 작성한다.
 ① 스위치1을 ON 하면 Lamp1(L1)이 점등한다.(자기유지회로)
 ② 스위치2를 ON 하면 Lamp2(L2)가 점등한다.(자기유지회로)
 ③ 스위치3을 OFF 하면 Lamp1(L1)과 Lamp2(L2)가 모두 소등된다.
3) 시뮬레이터를 이용하여 위의 제어 조건에 따라 프로그램을 LD로 작성한 후, 시뮬레이터 모니터링을 통해 동작 상태를 확인한다.

4) PC와 PLC를 연결한 후, 프로그램을 PLC에 업로드한 후 PLC의 입력 스위치를 작동시켜 동작을 확인한다.

5) LD 언어로 작성된 프로그램과 실험의 각 단계별(스위치 동작) 동작 상태를 촬영하여 보고서에 첨부한다.

(2) AC모터의 속도제어

1) PLC 프로그램의 입력 접점, 코일 접점, 펑션블록을 사용해서 아래 제어 조건을 만족하는 프로그램을 작성한다. [부록Ⅲ 참조]

① 최초상태는 정지 상태이다.

② 스위치1을 ON 하면 Lamp1이 점등하고 동시에 유도전동기가 구동되며, 이때 유도전동기의 속도는 10초의 지연시간을 가지고 정격속도의 25%→50%→100%→50% → 25% 순으로 제어한다.

③ 스위치2를 ON 하면 유도전동기는 정지한다.

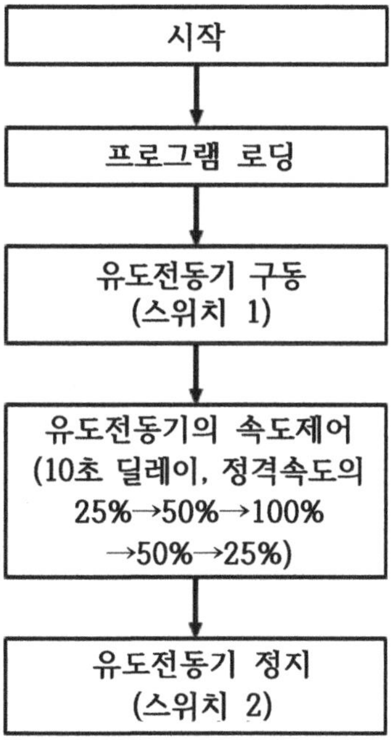

그림 2.15 프로그램 플로우차트

2) 위의 제어 조건에 따라 시뮬레이터에 LD로 프로그램을 작성한 후, PC의 모니터링을 통해 동작 상태를 확인한다.(필요시 디버깅, 수정 작업 필요)
3) PLC와 DA 변환 모듈, 그리고 인버터와 유도전동기를 결선한다.(인버터는 remote 입력이 가능한 모드로 변환)
4) PC에서 작성된 실행 파일을 PLC에 업로드한 후, PLC를 실행모드로 전환하고, 스위치를 작동시켜 동작을 확인한다.
5) DA4 모듈에 나타나는 디지털 값, 인버터 주파수, 유도전동기의 속도를 확인하여 표 2.23에 기록한다.
6) LD 언어로 작성된 프로그램과 실험의 각 단계별 동작 상태를 촬영하여 보고서에 첨부한다.

표 2.23

동작시간[sec]	0 ~ 10	10 ~ 20	20 ~ 30	30 ~ 40	50 ~ 60
D/A 모듈 디지털 값					
인버터 주파수[Hz]					
유도전동기 속도[rpm]					

2.9.5 고찰

1) PLC의 출현 배경과 공장자동화 시스템에서 PLC의 역할에 대해 고찰한다.
2) 디지털 출력값과 아날로그 출력값(인버터 주파수)의 상관관계를 파악하여 기술한다.
3) D/A 변환 모듈의 분해능이 PLC 성능에 미치는 영향에 대해서 기술한다.
4) 무접점 시퀀스제어장치인 PLC가 유접점장치보다 우수한 점을 고찰한다.
5) 기타 언급되지 않은 사항 가운데 고찰이 필요한 부분에 대해 기술한다.

▶ MEMO

▶ MEMO

2.10 가변속 압축기를 갖는 공기조화장치의 온·습도제어

2.10.1 실험 목적

1) 공기조화기의 외부 유입 공기(S.A)와 내부에서 순환되는 공기(R.A)를 혼합한 후 냉각하여 혼합 공기의 온도를 설정한 온도로 제어할 수 있다.
2) 공기조화기 시퀀스제어 관련 회로를 구성하고 원하는 제어가 달성되도록 운전할 수 있다.

2.10.2 실험장치(부품) 및 계측기기

(1) 실험장치

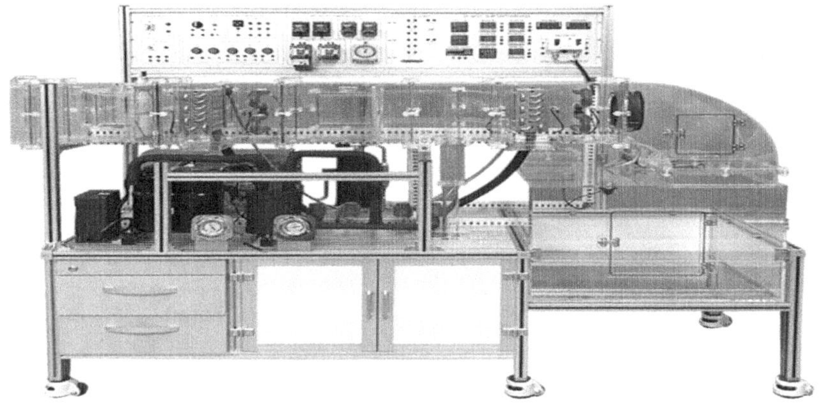

그림 2.16 표준 공기조화 실험장치 (KTE-1000AHU)

(2) 압축기, 응축기 및 팬 모터, 증발기, 팽창밸브, 전자밸브(SV), 히터(챔버부하), 온도조절스위치, 가습기

※ 장치에 대한 자세한 구성은 [부록]을 참조.

2.10.3 준비 지식

1) 공기조화란 무엇이며, 공기조화의 목적에 대해 조사한다.
2) 습공기의 성질에 대해 조사한다.
3) 공기조화기의 구성 요소와 각 요소의 기능을 조사한다.
4) 공기조화의 각종 프로세스를 h-x선도(습공기선도)를 통해 이해한다.
5) 표준 공기조화 실험장치의 혼합, 냉각의 시퀀스제어 회로도를 이해한다.
6) 정속형 압축기에 의한 on/off 제어와 인버터를 이용한 가변속 압축기의 용량제어 차이점에 대해 조사한다.

2.10.4 실험

(1) 표준 공기조화 실험장치 운전

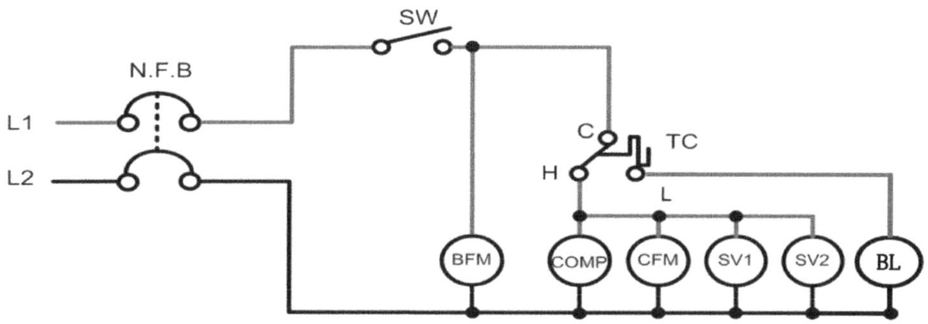

그림 2.17 표준 공기조화 실험장치 운전 회로 시퀀스도

1) 위의 시퀀스도를 이용하여 표준 공기조화 실험장치의 제어 회로를 결선한다.
2) 회로 제어 동작 과정을 숙지한 후, 스위치를 입력하여 동작 과정을 검증한다.
3) TC에 목표온도와 온도편차(간극, differential)를 설정한 후 장치를 운전하고, 그 결과를 표 2.24에 기록한다.
4) 실험장치의 동작 상태를 촬영하여 보고서에 첨부한다.

표 2.24

실험순서	설정온도[℃]	온도편차[℃]	증발기입구[℃]	증발기출구[℃]	챔버온도[℃]
1	20	3			
2	15	1			
3	10	2			

(2) 표준 공기조화 실험장치의 혼합, 냉각 프로세스운전

1) 그림 2.18과 같이 시퀀스제어 회로를 결선한다.

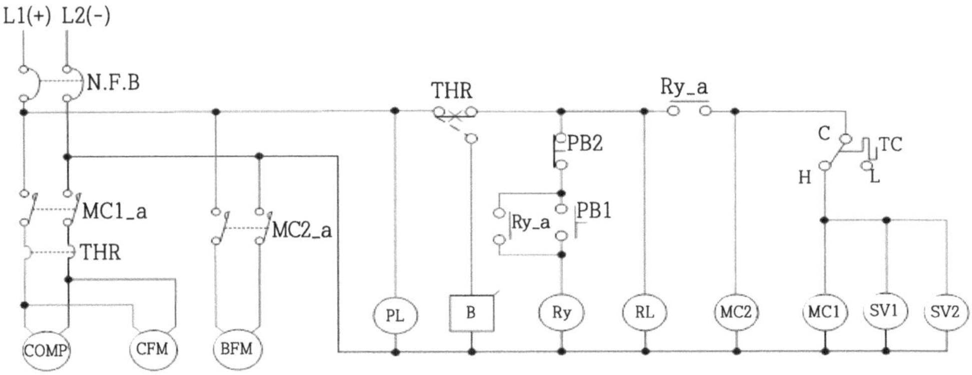

그림 2.18 표준 공기조화 실험장치 혼합, 냉각 프로세스 운전 시퀀스도

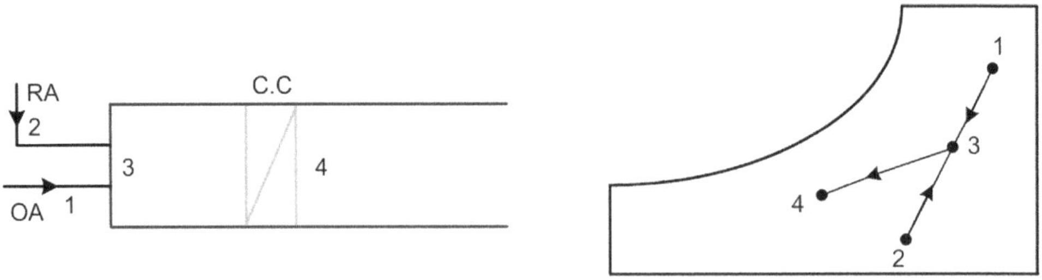

그림 2.19 냉각 프로세스의 h-x선도

2) 각 상태의 건구온도와 챔버의 상대습도를 확인하여 표 2.25에 기록한다.

3) 실험장치의 동작 상태를 촬영하여 보고서에 첨부한다.

표 2.25

덕트개도율 [%]	건구온도[℃]				상대습도[%]	절대습도 $[kg/kg']$	엔탈피[kJ/kg]
	1	2	3	4			
25							
50							
75							

※ 상태 1에서의 상대습도는 60%로 가정한다.

※ 상태 4의 노점온도는 대략 상대습도 90% ~ 95%에서의 온도이다.

※ 절대습도와 엔탈피는 습공기선도를 통해 구한다.

2.10.5 고찰

1) 표 2.24에서 온도 간극의 크기와 챔버온도의 제어 정도(control accuracy)는 어떤 관계인지 고찰한다.
2) 표 2.25를 습공기선도에 도시하고, 각 상태에 대해서 고찰한다.
3) 덕트 개도율에 따른 혼합점의 온도와 엔탈피와의 관계를 고찰한다.
4) 현열비(SHF; Sensible Heat Factor)의 의미와 현열비가 습공기선도에서 갖는 의미에 대해 고찰한다.
5) 여름철 혼합, 냉각 프로세스의 냉각부하를 줄이기 위한 방안은 무엇인지 기술한다.
6) 기타 언급되지 않은 사항 가운데 고찰이 필요한 부분에 대해 기술한다.

▶ MEMO

▶ MEMO

제3부 부록

Ⅰ 전기회로 기초 이론

Ⅰ-1 전기공학의 소개

1.1.1 전기공학의 학습 필요성

- Mechatronics : Mechanics + Electronics
- Power-Electronics :

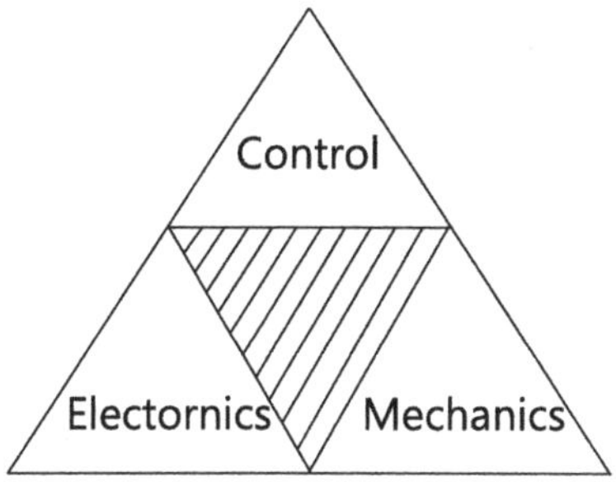

그림 1.1 Mechatronics

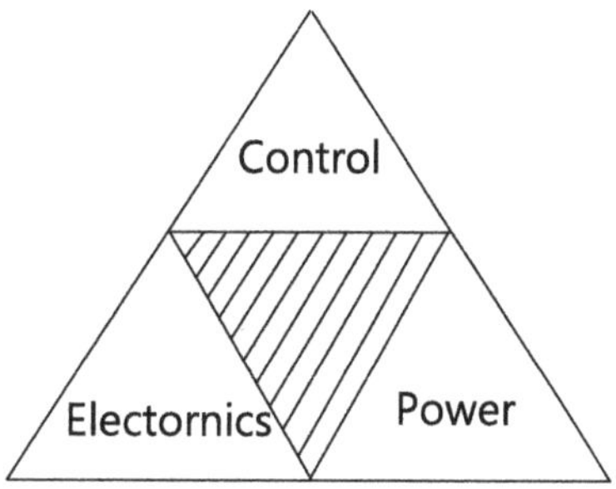

그림 1.2 Power-Electronics

- 생산 방식의 변화
  소품종 대량 생산 방식 → 다품종 소량 생산 방식
- 생산시스템의 변화 : FA → FMS →IMS→ CIM→SF
- 자동화, 지능화, 고효율 추구

[이들의 기초가 되는 전기·전자공학은 대단히 중요함]

Q1 : 우리 일상생활에 자주 사용되는 주요 가전제품을 다섯 가지 들어보라.

Q2 : 전기에너지가 다른 에너지에 비해 가지는 장점은 어떤 것인가?

1.1.2 관련 분야

(1) 전기회로

(2) 전자기학

(3) 전기기기

(4) 전기제어

(5) 전력전자

(6) 송전과 배전

(7) 조명

(8) 통신

Ⅰ-2 전기회로의 구성과 기초 이론

※ 전기(Electricity)의 어원
서기 600년 전 호박(amber)이 가벼운 물체를 끌어당기는 현상에 주목하여 고대 그리스어로 호박을 지칭하는 elektron에서 유래되었다고 함. 어원은 정전기에서 유래되었으나 현재 실생활에 사용되는 전기는 동전기임.

1.2.1 전하, 전류, 전압

(1) 전하(Charge) : 전자가 갖고 있는 기본 전기량

최소량 : $q_e = -1.602 \times 10^{-19}$ coloumb, $[c]$

(2) 전류(Electirc current) : 미리 결정된 단면적을 통과하는 전하의 시간 변화율

$$i = \frac{dq}{dt} \quad [c/s], [A]$$

$1[A]$: 도체의 단면을 매초 $1[c]$의 전하가 이동

(3) 전압(Voltage) : 서로 다른 두 점 사이의 전하의 이동과 관련된 단위 전하당 총 일
전위차(Potential difference)라고도 함.

$1[V]$: 1 coloumb의 전하에 1 Joule의 일을 하게 하는 전위차

$1\ Volt = 1\ Joule\ /\ coloumb, \quad [V]$

(4) 회로(Circuit) : 전류가 흐르는 폐회로(통로)로써, 전원과 부하를 포함.

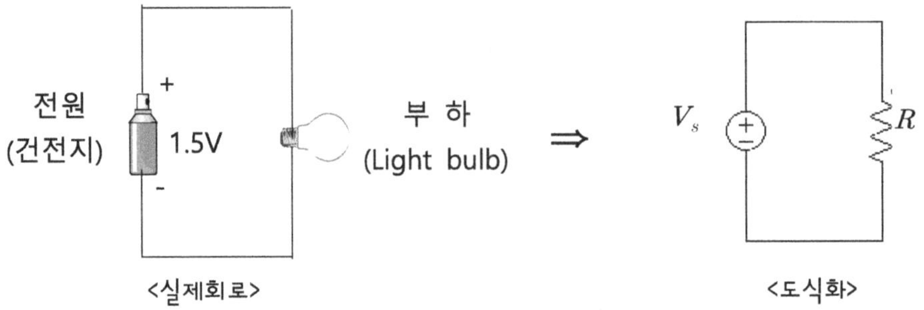

그림 2.1 실제회로와 도식법

- source(소스) : 에너지를 공급하는 소자
- load(부하) : 에너지를 소비하는 소자

Q1 : 전기를 관측할 수 있는 기기나 장치의 예를 들고 그 용도에 대해 설명하라.

Q2 : 수동소자의 종류를 열거하고 그 의미를 쓰라.

1.2.2 키르히호프의 전류법칙과 전압법칙

(1) 전류법칙 : KCL(Kirchhoff's Current Law) → 전하보존법칙

$$\sum_{n=1}^{N} i_n = 0$$

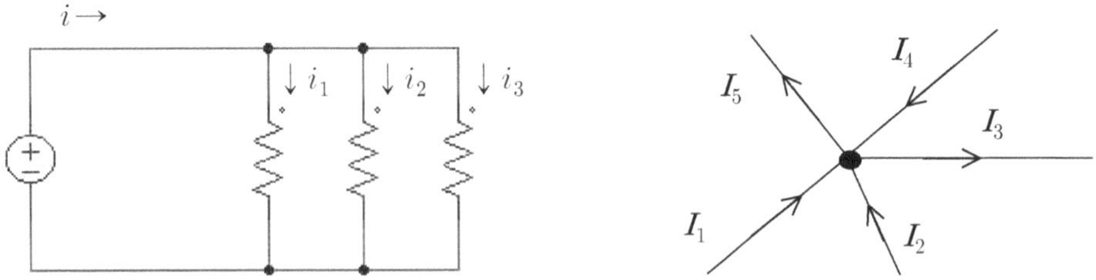

그림 2.2 전류법칙

「회로망 중의 임의의 접속점에 유입하는 전류와 유출되는 전류의 대수합은 같다.」

$$i = i_1 + i_2 + i_3 \qquad I_1 + I_2 + I_4 = I_3 + I_5$$
$$(i - i_1 - i_2 - i_3 = 0)$$

(2) 전압법칙 : KVL(Kirchhoff's Voltage Law) → Energy 보존법칙

$$\sum_{n=1}^{N} v_n = 0$$

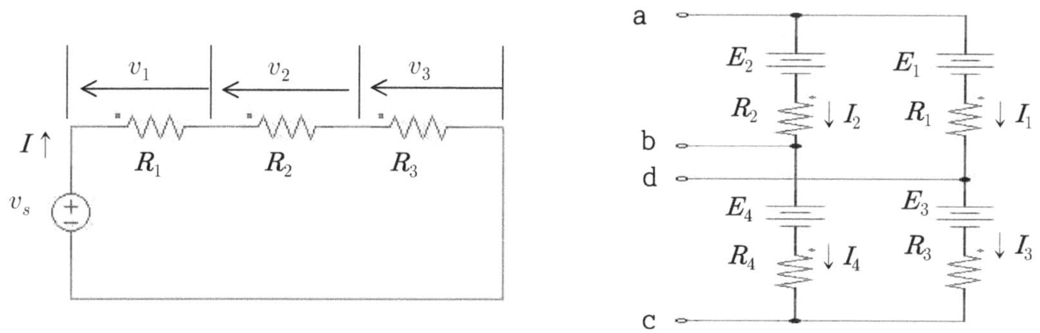

그림 2.3 전압법칙

「회로망의 임의의 한 폐회로에서 정방향의 기전력의 대수합은 그 방향으로 흐르는 전류에 의한 전압강하의 대수합과 같다」

$$v_s = v_1 + v_2 + v_3 \qquad -E_1 - E_2 - E_3 - E_4$$
$$(v_s - v_1 - v_2 - v_3 = 0) \qquad = I_1R_1 + I_2R_2 + I_3R_3 + I_4R_4$$

※ 각 지로에 흐르는 전류의 방향은 임의로 정할 수 있으나, 계산 결과 어느 전류값이 "부"이면 그 전류는 처음 정한 방향과 반대임을 뜻한다.

1.2.3 저항과 옴의 법칙

(1) 저항(Resistance)

- 재질의 전기적 성질에 의존 → 전류의 흐름을 방해하고 열의 형태로 에너지를 소비.

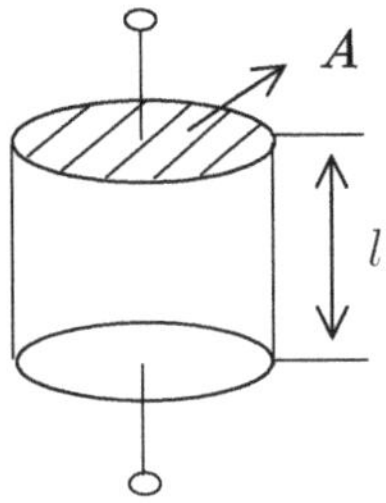

$$R = \rho\frac{l}{A}$$ ρ : resistivity(저항율 = 고유저항)

- Symbol 및 $i - v$ 특성

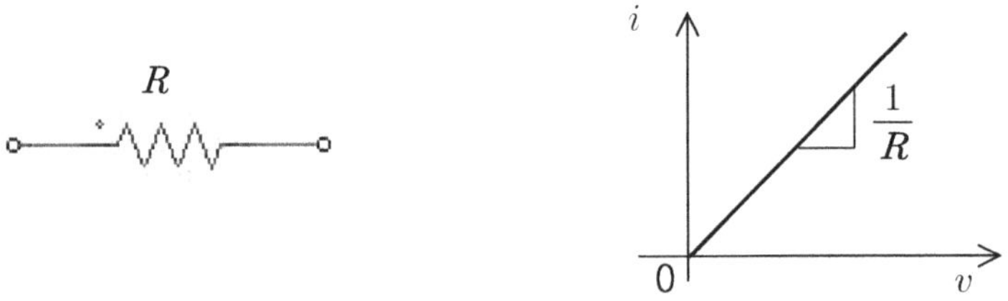

그림 2.4 저항의 Symbol과 i-v 특성

- 단위 : Ω [Ω]

※ 모든 전도체가 작은 전압과 전류의 영역에서 선형적으로 거동하는 것은 아님.
대부분의 소자들은 전압과 전류의 특정한 영역에서만 선형 $i - v$ 특성을 가짐.

(2) Ohm's Law

- Ideal resistor : 옴의 법칙을 따르는 선형 저항의 성질을 나타내는 장치

$$V = IR \qquad (I = \frac{V}{R})$$

$$R = \frac{V}{I} \text{ 이므로 } [\Omega] = \frac{[V]}{[A]}$$

$1[\Omega]$: $1[V]$의 전위차를 갖는 회로에 $1[A]$의 전류를 흐르게 하는 저항의 크기

- 컨덕턴스(Conductance) : 저항의 역수

$$G = \frac{1}{R}\ simens,\ [s] \quad \rightarrow \text{ 도전율(전류를 잘 통하게 하는 정도)}$$

$$\therefore \ I = GV$$

Q1 : 저항의 재료에 따른 종류를 조사하고 그 특징과 용도를 쓰라.

Q2 : 가변저항은 어떤 원리로서 저항값을 바꿀 수 있는 것인지 설명하라.

1.2.4 저항의 연결(접속)

(1) 직렬 접속(Series connection) : 전류의 연속성

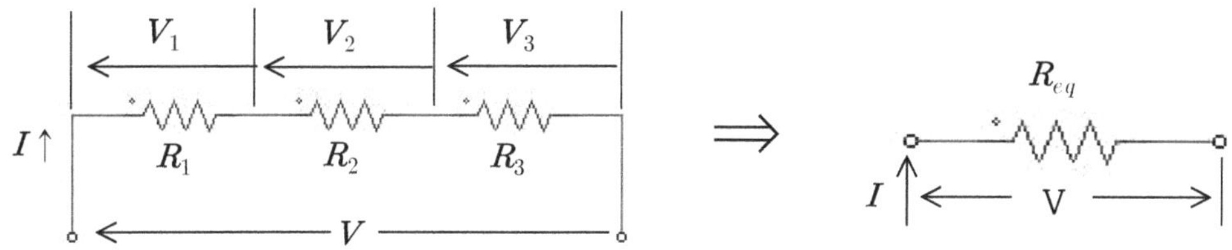

그림 2.5 저항의 직렬연결

- 회로에 흐르는 전류는 일정
- 각 저항 양단에는 Ohm's law에 의한 전압 발생
- KVL을 이용, $V = V_1 + V_2 + V_3$

$$= (R_1 + R_2 + R_3)\ I$$
$$= R_{eq} I$$

$$R_{eq} = R_1 + R_2 + R_3$$

일반화 하면, $$R_{eq} = \sum_{i=1}^{N} R_i$$

(2) 병렬 접속(Parallel connection) : 전압의 평형성

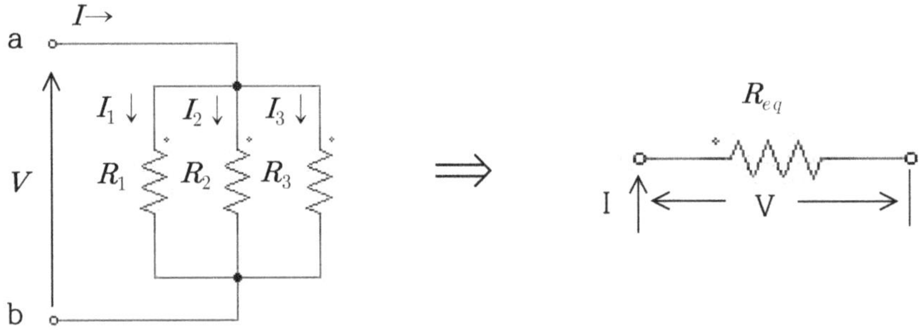

그림 2.6 저항의 병렬연결

- a, b 양단에 걸리는 전압은 일정
- 각 저항을 통해 흐르는 전류는 Ohm's law에 의존
- KCL 이용, $I = I_1 + I_2 + I_3 = \left(\frac{1}{R_1} + \frac{1}{R_2} + \frac{1}{R_3}\right) V = \frac{V}{R_{eq}}$

$$\frac{1}{R_{eq}} = \frac{1}{R_1} + \frac{1}{R_2} + \frac{1}{R_3} \qquad \therefore\ R_{eq} = \frac{1}{\frac{1}{R_1} + \frac{1}{R_2} + \frac{1}{R_3}}$$

- 일반화 하면, $R_{eq} = \frac{1}{\sum_{i=1}^{N} 1 / R_i}$

(3) 전압 분배칙과 전류 분배칙

1) 전압 분배칙(Voltage divider rule)

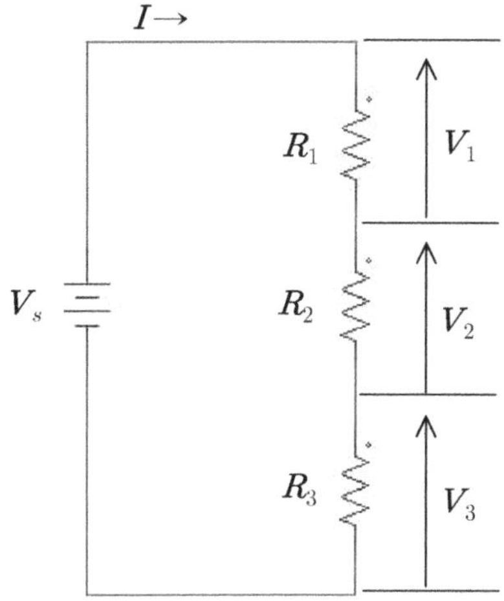

$$V_s = (R_1 + R_2 + R_3)\, I$$
$$= R_{eq}\, I$$
$$\therefore I = \frac{V_s}{R_{eq}}$$
$$V_1 = IR_1 = \frac{R_1}{R_{eq}} V_s$$
$$V_2 = IR_2 = \frac{R_2}{R_{eq}} V_s$$
$$V_3 = IR_3 = \frac{R_3}{R_{eq}} V_s$$
$$\vdots$$
$$V_n = IR_n = \frac{R_n}{R_{eq}} V_s$$

그림 2.7 전압분배칙

※ 직렬회로에서 각각의 저항에 걸리는 전압은 회로의 총 직렬저항에 대한 각 저항의 비에 직접적으로 비례함.

▶ 예제) 아래 회로에서 각 저항에서의 단자전압을 구하라.

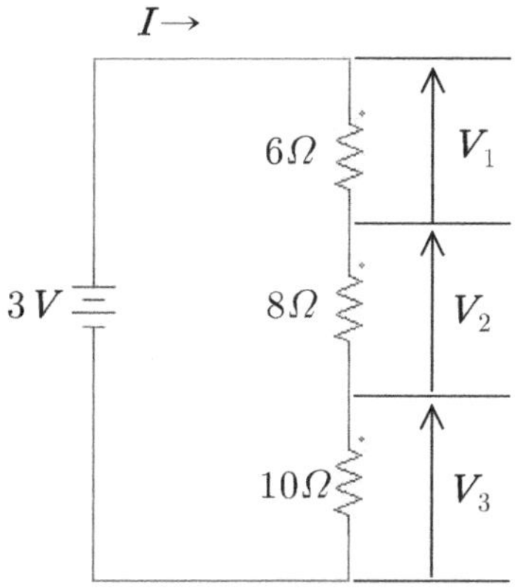

답)

저항의 비가 6 : 8 : 10 즉, 3 : 4 : 5 이므로,

전압분배칙에 의해 $V_n = \frac{R_1}{R_{eq}} V_s$

$$V_1 = \frac{3}{12} \times 3 = \frac{3}{4}\,[V]$$
$$V_2 = \frac{4}{12} \times 3 = 1\,[V]$$
$$V_3 = \frac{5}{12} \times 3 = \frac{5}{4}\,[V]$$

▶ **예제) 다음 회로에서 $V_1 = 40[V]$, $V_2 = 20[V]$, $V_3 = 40[V]$가 되도록 R_1, R_2, R_3의 값을 설계하라. 단, 회로에 흐르는 전류는 $200[mA]$로 제한한다.**

답)

$$V = R_{eq} I$$
$$\therefore R_{eq} = \frac{V}{I} = \frac{100}{200 \times 10^{-3}} = 500[\Omega]$$

전압분배는 저항에 비례하므로 $V_1 : V_2 : V_3 = 2:1:2$이고, 전압을 $2:1:2$로 하기 위해서는 저항의 비도 $2:1:2$여야 한다.

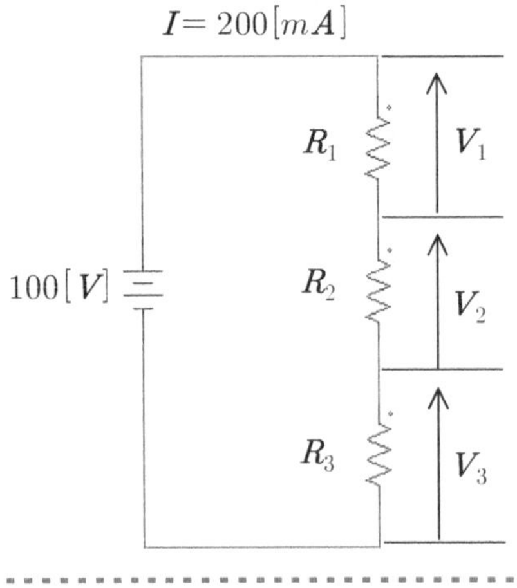

$$\therefore R_1 = \frac{2}{5} \times 500 = 200[\Omega]$$
$$R_2 = \frac{1}{5} \times 500 = 100[\Omega]$$
$$R_3 = \frac{2}{5} \times 500 = 200[\Omega]$$

▶ 예제) 아래 회로에서 $5[\Omega]$의 저항에 흐르는 전류가 $4[A]$였다. 미지의 인가전압 V_s와 회로에 흐르게 될 전류 I를 구하라. 단, R들은 이상저항으로 간주한다.

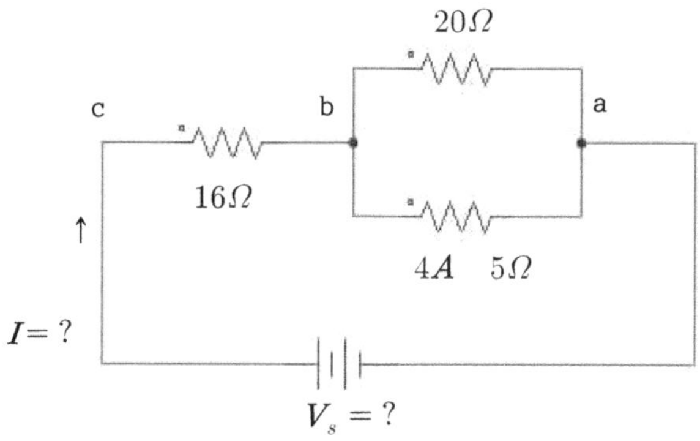

답)

$5[\Omega]$의 저항에 흐르는 전류가 $4[A]$이므로 a, b 양단에는 $20[V]$ 전압이 걸리게 된다. 따라서 $20[\Omega]$의 저항에는 $1[A]$의 전류가 흐른다.

$$\therefore I = I_{20\Omega} + I_{5\Omega} = 5[A]$$

한편, bc에 걸리는 전압은 $80[V]$이므로

$$\therefore V_s = V_{ab} + V_{bc} = 100[V]$$

2) 전류분배칙(Current divider rule)

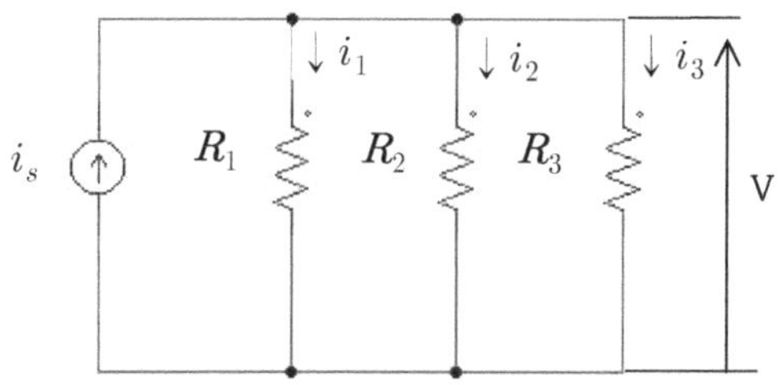

$$V = i_s R_{eq}$$

$$R_{eq} = \frac{1}{\frac{1}{R_1} + \frac{1}{R_2} + \frac{1}{R_3}} = \frac{V}{i_s}$$

그림 2.8 전류분배칙

$$i_1 = \frac{V}{R_1} = \frac{R_{eq}}{R_1} i_s = \frac{1/R_1}{1/R_{eq}} i_s = \frac{1/R_1}{1/R_1 + 1/R_2 + 1/R_3} i_s$$
$$i_2 = \frac{V}{R_2} = \frac{1/R_2}{1/R_1 + 1/R_2 + 1/R_3} i_s$$
$$i_3 = \frac{V}{R_3} = \frac{1/R_3}{1/R_1 + 1/R_2 + 1/R_3} i_s$$
$$\vdots$$
$$i_n = \frac{V}{R_n} = \frac{1/R_n}{1/R_1 + 1/R_2 + 1/R_3 + \cdots + 1/R_n} i_s$$

※ 각각의 병렬소자의 저항에 반비례하여 전류가 분배된다.

▶ 예제) 각 지로에 흐르게 될 전류를 구하라.

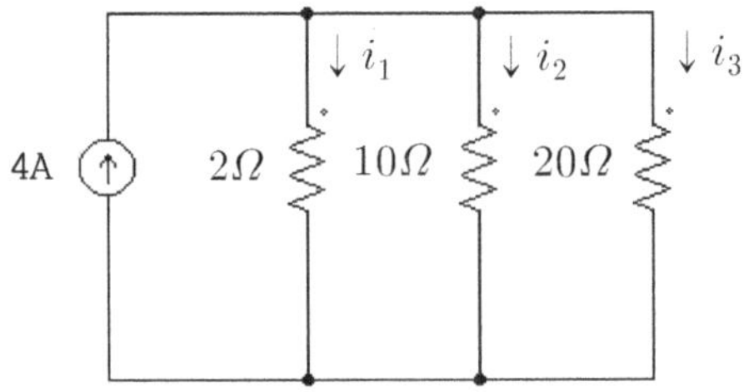

답)

전류는 1/2 : 1/10 : 1/20, 즉 10:2:1의 비율로 저항에 반비례하여 흐를 것임.

$$\therefore i_1 = \frac{1/2}{1/2 + 1/10 + 1/20} \times 4 = \frac{1/2}{13/20} \times 4 = \frac{80}{26} \fallingdotseq 3.077[A]$$
$$i_2 = \frac{1/10}{13/20} \times 4 = \frac{80}{130} \fallingdotseq 0.6154[A]$$
$$i_3 = \frac{1/20}{13/20} \times 4 = \frac{80}{260} \fallingdotseq 0.3077[A]$$

3) 저항이 직·병렬로 혼합 접속된 경우의 합성저항(등가저항) 계산법의 예

직렬과 병렬 등가 저항 계산법을 활용한다.

▶ **예제) 아래의 직·병렬회로에 흐르게 될 전류 I와 소비전력 P를 구하라.**

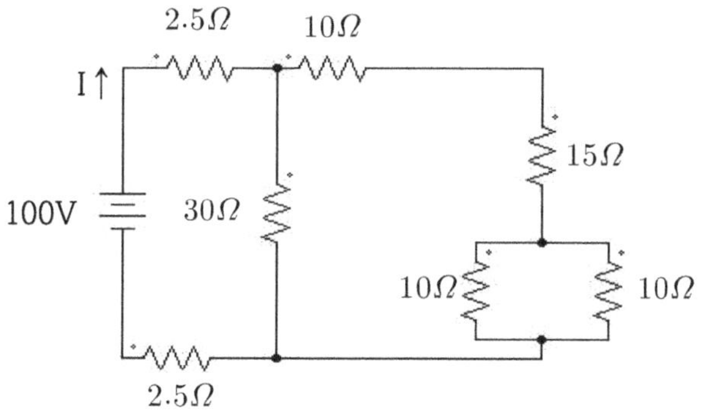

답)

합성저항(등가저항)을 먼저 구한다.

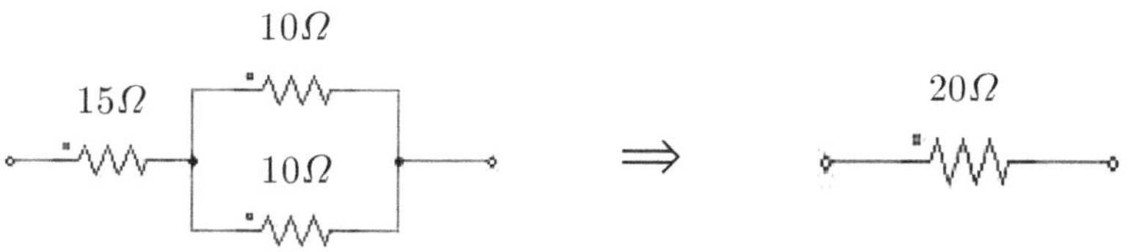

따라서, 주어진 회로는

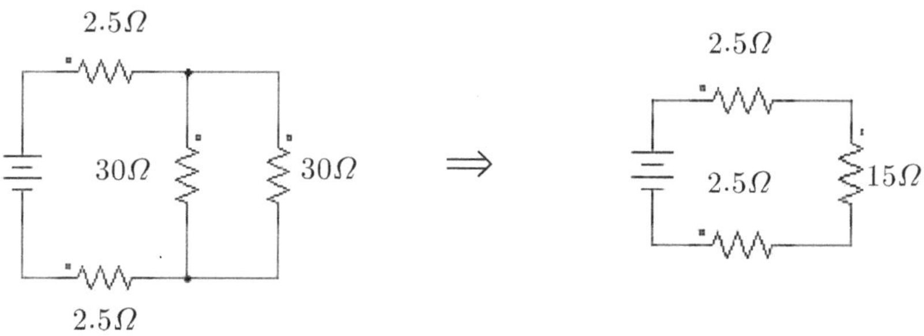

최종적으로,

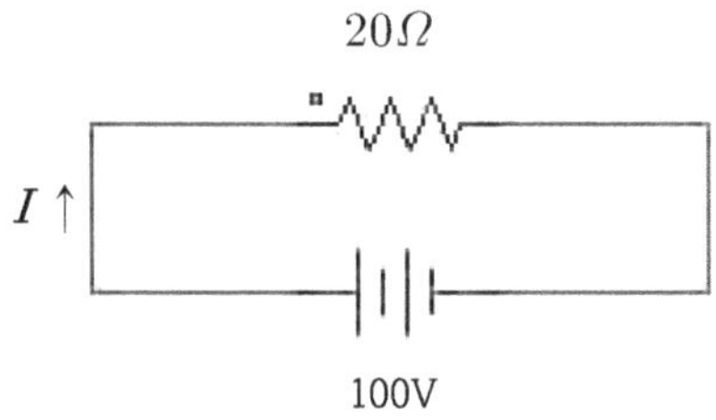

① 전류

$I = \dfrac{V}{R}$ 관계에서, $\dfrac{100}{20} = 5[A]$

② 전력

$P = VI = I^2R = \dfrac{V^2}{R}$ 에서 V, I가 명백히 기지의 값이므로,

$P = 100 \times 5 = 500[W]$

▶ 예제) 다음 회로의 합성저항을 구해보라.

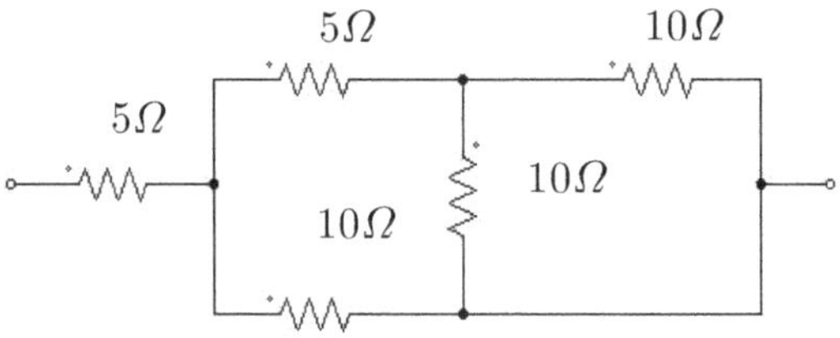

답) $R_{eq} = 10[\Omega]$

(4) Wheatstone bridge

- 저항회로로서 다양한 측정장치에 자주 사용됨
- 기지의 저항 R_1, R_2, R_3를 이용해 미지의 저항 R_x를 결정

▶ 예제)

① 4개의 저항과 소스전압 V_s의 항으로 $V_{ab} = V_a - V_b$를 구하라.

② 만약, R_1, R_2, R_3가 $1[\mathrm{k}\Omega]$이고, $V_s = 12[V]$, $V_{ab} = 12[mV]$일 때 R_x는 ?

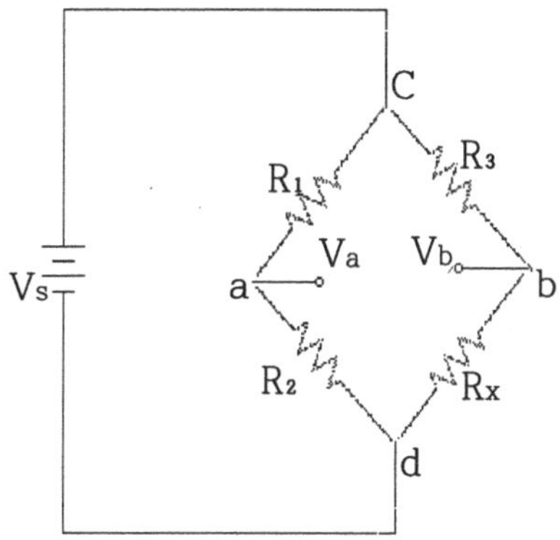

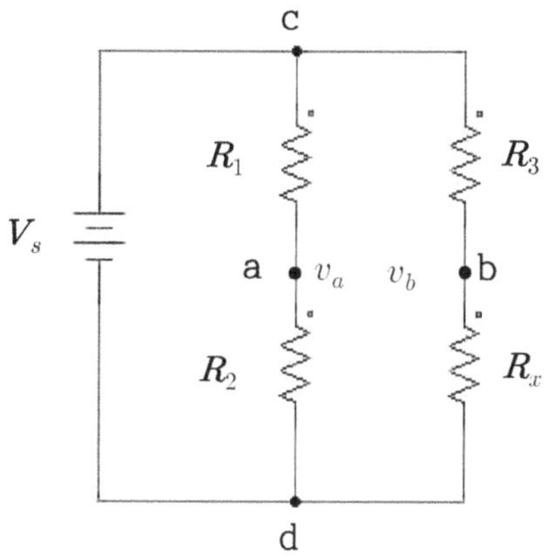

그림 2.9 Wheatstone bridge 회로

답)

① cd 양단에 걸리는 전압은 V_s로 동일함, V_a, V_b는 전압분배칙을 이용

$$V_a = \frac{R_2}{R_1 + R_2} \times V_s, \quad V_b = \frac{R_x}{R_3 + R_x} \times V_s$$

$$\therefore V_{ab} = V_a - V_b = \left(\frac{R_2}{R_1 + R_2} - \frac{R_x}{R_3 + R_x} \right) \times V_s$$

if $V_{ab} = 0$으로 조정한다면,

$$\left(\frac{R_2}{R_1 + R_2} = \frac{R_x}{R_3 + R_x} \right) \quad \because V_s \neq 0$$

$$R_x(R_1 + R_2) = R_2(R_3 + R_x)$$
$$R_1 R_x + R_2 R_x = R_2 R_3 + R_2 R_x$$
$$\therefore R_1 R_x = R_2 R_3$$

" 마주보는 저항값의 곱은 동일하게 됨 "

② $R_1R_x = R_2R_3$이므로, $V_{ab} = 0$인 경우

$$R_x = \frac{R_2R_3}{R_1} = \frac{1\times1}{1} = 1[\mathrm{k\Omega}]$$

문제는 $V_{ab} = 12\times10^{-3}[V]$

$V_s = 12[V]$

$$12\times10^{-3} = \left(\frac{1000}{2000} - \frac{R_x}{1000+R_x}\right)\times12$$

$R_x = 996[\Omega]$

1.2.5 전력, 전력량, 열

(1) 전력 : 단위시간당의 일

$$P = VI \quad [VA],[J/S],[W]$$

$V \rightarrow 1J/1C$

$I \rightarrow 1C/1\sec \qquad VI = J/C\times C/\sec = J/\sec = watt$

$$= I^2R$$

$$= \frac{V^2}{R}$$

※ 회로의 필요한 두 값들을 알면 전력 계산이 가능함.

(2) 전력량 : t시간 동안의 일

$$W = Pt$$

$$= VIt$$

$$= I^2Rt$$

$$= \frac{V^2}{R}t \quad [Wh]$$

(3) Joule의 법칙

$W = JQ$ 〈열역학 제1법칙〉

J : **열의일당량** $4.185[J/cal]$

$$\therefore Q = \frac{W}{J} = 0.24\, I^2 R\, t[cal]$$

※ 저항소자에서는 전류의 제곱에 비례하는 열이 발생함 → 에너지 소비

→ 저항값 계산 시 주의해야 할 사항임.

※ 여기서 Q는 전하량이 아닌 "열"을 의미함.

I - 3 단상 교류회로

1.3.1 각종 파형의 전류

- 교류 : 방향과 크기가 주기적으로 변하는 전압, 전류(vector량)

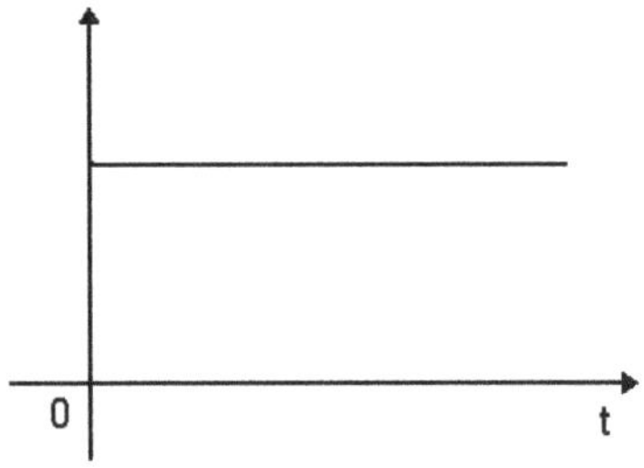

a) DC(Direct Current)

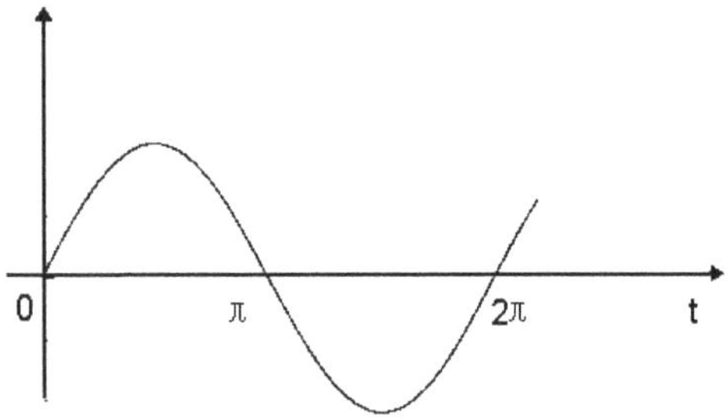

b) AC(Alternating Current)

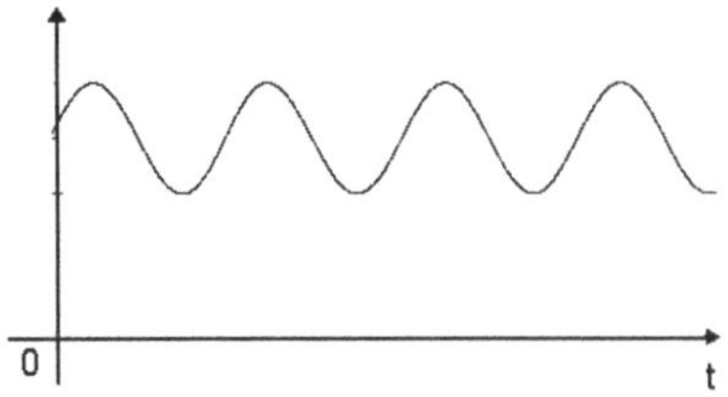

c) 맥동류(Pulsating Current)

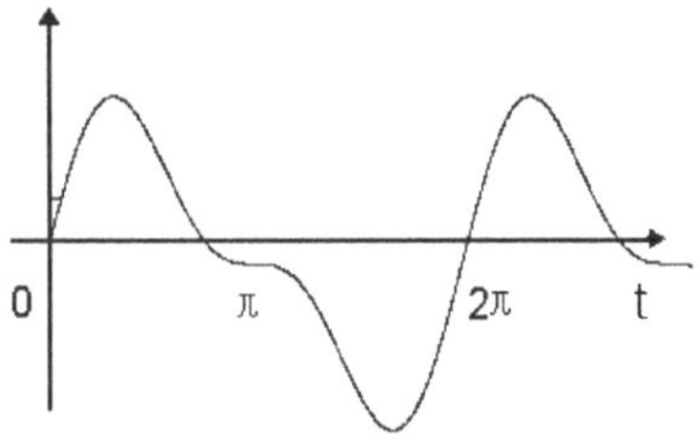

d) 왜형파 교류(Distorted Wave AC)

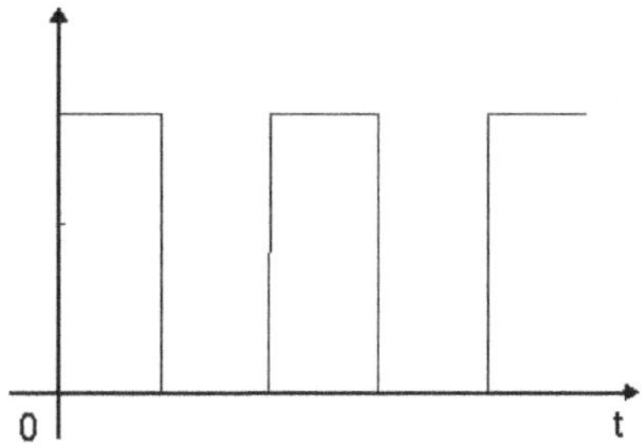

e) 펄스 파형(Pulse Current)

그림 3.1 각종 교류 파형의 종류

1.3.2 단상교류의 4대 정보

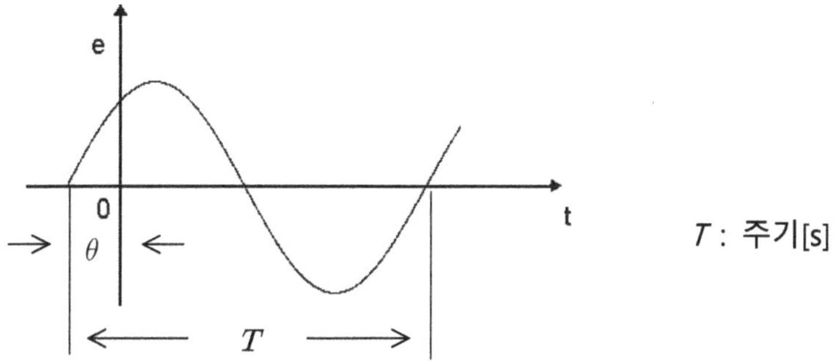

그림 3.2 단상 교류

교류는 4가지 정보(크기, 주파수, 위상, 파형)를 가지고 있다.

(1) 크기

① 순시값(Instantaneous value)

② 최대값(Maximum value)

③ V_{P-P}(Peak to peak value)

④ 평균값(Average value or Mean value)

⑤ 실효값(Root mean square value ; rms값)

(2) 주파수

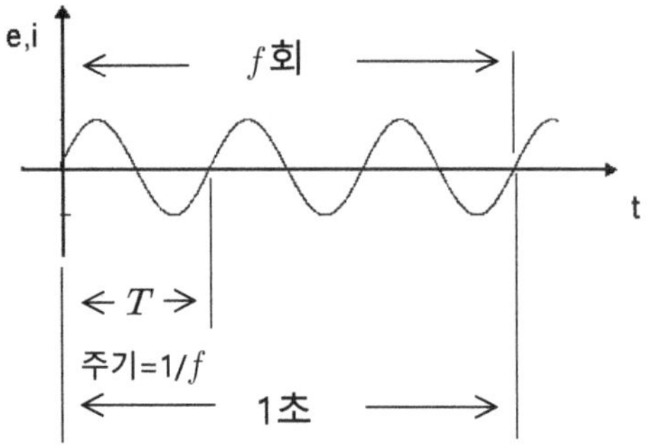

$$f = \frac{1}{T} \quad [cycle/s],\ [Hz]$$

f : 주파수(frequency)

$$\omega T = 2\pi \ [rad]$$

$$\omega = 2\pi \frac{1}{T} = 2\pi f \ [rad/\text{sec}]$$

(3) 위상 or 위상각

$\theta\ (phase)$: $t=0$ 일 때의 정현파의 상태

① 위상차(Phase difference) : 두 교류의 위상의 차이

$$e_1 = E_{m1} \sin(\omega t + \theta_1)$$
$$e_2 = E_{m2} \sin(\omega t + \theta_2)$$
$$\phi = \theta_1 - \theta_2 \quad [rad]$$

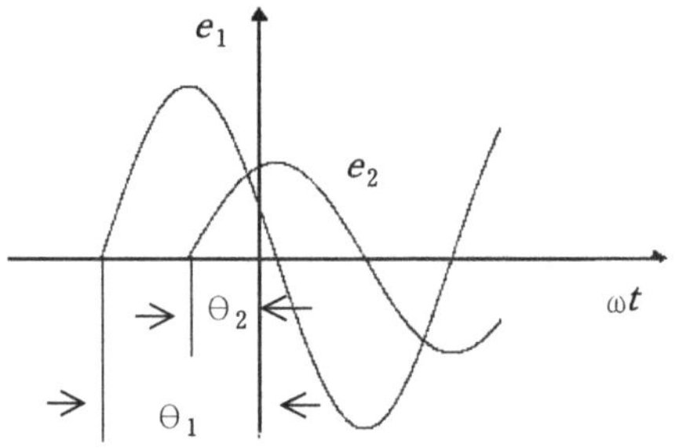

그림 3.3 진상과 지상

② Lead and Lag

$\phi > 0$: e_1 이 e_2 보다 ϕ만큼 lead(진상)

$\phi < 0$: e_1 이 e_2 보다 ϕ만큼 lag(진상)

$\phi = 0$: e_1 과 e_2 의 상이 일치(in-phase : 동상)

(4) 파형

주로 정현파(sinusoidal wave)만을 취급함.

1.3.3 교류의 크기 표현

(1) 순시값 표현 : 시간 t 의 함수로 변동하는 파형의 크기를 표현.

- 전압의 순시값 : $e = E_m \sin(\omega t + \theta_e)$
- 전류의 순시값 : $i = I_m \sin(\omega t + \theta_i)$

(2) 평균값(Average value, Mean value)

- 정현파 교류에서 1주기 동안에 걸친 평균값은 0이므로 반파 동안의 평균값.

$$I_a = \frac{1}{T/2}\int_0^{T/2} i(t)dt = \frac{2}{T}\int_0^{T/2} i(t)dt$$

put : $i(t) = I_m \sin\omega t \ [A]$

$$\begin{aligned} I_a &= \frac{2}{T}\int_0^{T/2} I_m \sin\omega t \ dt \\ &= \frac{I_m}{\pi}\int_0^{\pi} \sin\theta \ d\theta = \frac{I_m}{\pi}\left[-\cos\theta\right]_0^{\pi} = \frac{2}{\pi} I_m \\ &= 0.637\, I_m \text{ (최대값의 63.7\%에 해당하는 크기임)} \end{aligned}$$

(3) 실효값(Root Mean Square ; rms값)

- 교류 $i(t)$에 의해 저항 R에서 소비되는 전력이 같은 저항 R에 직류를 흘렸을 때 소비되는 전력과 같은 직류 전류의 크기 I로써 교류 전류의 크기를 정의.
- 저항 R에 직류 I를 흘릴 때 R에서 소비되는 전력.

$$P_d = I^2 R \ [W] \qquad ①$$

- 저항 R에 교류 $i(t)$가 흘렀을 때 전력의 순시값.

$$p = i(t)^2 R$$

- p의 1주기 동안의 평균값 P

$$P = \frac{1}{T}\int_0^T i(t)^2 R\,dt \quad [W] \qquad ②$$

①과 ②가 같도록 하는 교류 전류의 크기

$$I^2 R = \frac{1}{T}\int_0^T i(t)^2 R\,dt$$

$$I = \sqrt{\frac{1}{T}\int_0^T i(t)^2\,dt} = \sqrt{i(t)^2 \text{의 평균}} = \text{교류의 실효값}$$

※ 교류의 실효값은 각 순시값 제곱의 평균의 평방근으로 정의.

$$i = I_m \sin\omega t$$

$$I = \sqrt{\frac{1}{T}\int_0^T I_m^2 \sin^2\omega t\,dt} \qquad (put : \omega t = \theta)$$

$$= \sqrt{\frac{1}{2\pi}\int_0^{2\pi} I_m^2 \sin^2\theta\,d\theta} = \sqrt{\frac{I_m^2}{2\pi}\int_0^{2\pi}\frac{1}{2}(1 - \cos 2\theta)d\theta}$$

$$= I_m\sqrt{\frac{1}{4\pi}\left(\theta\,\Big|_0^{2\pi} - 1/2\sin 2\theta\,\Big|_0^{2\pi}\right)} = I_m\sqrt{\frac{2\pi}{4\pi}} = \frac{I_m}{\sqrt{2}} = 0.707\,I_m$$

※ 정현파 교류의 실효값은 최대값의 $1/\sqrt{2}$ 배임.

※ 실용상 모두 이 실효값을 사용하며 교류전압계, 교류전류계는 일반적으로 실효값을 표시함.

Q1 : $e = 100\sin 100\pi t\ [V]$로 주어지는 교류전압이 있다. 이 경우 교류의 최대값, 실효값, 주파수, 주기를 각각 구하라.

Q2 : $i = 100\sin(\omega t - \pi/6)$의 위상 및 실효값, $t = 0$에서의 순시값, 파형을 그릴 것.

Q3 : $e_1 = 100\sin(\omega t + \pi/2)$, $e_2 = 5\sin(\omega t - \pi/6)$가 있다. 어느 전압의 위상이 얼마만큼 lead해 있는가?

I-4 교류회로 해석을 위한 선형 소자의 특성

1.4.1 Resistor (R)

(1) 저항의 역할 : 에너지 소비 소자

① 전류 제한
② 필요한 단자 전압 생성
③ 주울열에 의한 일(열 발생)

Q1 : 선형 소자의 종류를 조사하고 그 의미를 파악할 것.
Q2 : R, L, C 소자 가운데 직류회로에서는 R만 거론된 이유는?

1.4.2 Capacitor (C)

(1) 에너지 저장 소자 : 이상(ideal) Capacitor

전하 분리의 형태로 에너지를 저장 → 전기(전하) 축적

$$Q = CV,\quad \text{전하 } [c],\ \text{전압 } [V],\ \text{Capacitance (Capacitor) } C = \epsilon\frac{A}{d}\ [F]$$

여기서, 정전용량은 얼마나 많은 양(量)의 전하를 저장할 수 있는가의 척도이며, A는 면적, ϵ은 유전율(誘電率)로서 공기의 경우, 8.854×10^{-12}이다.

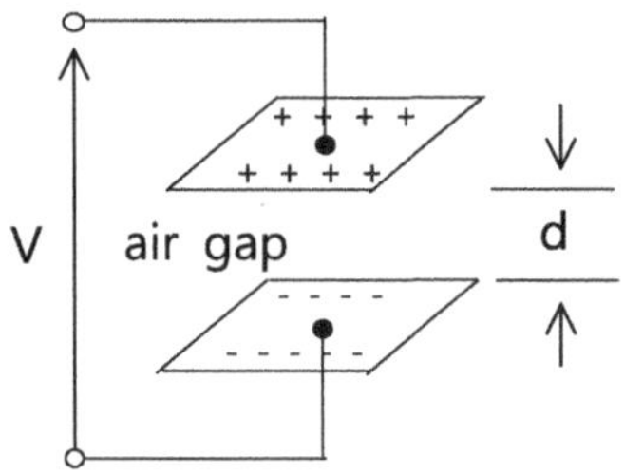

그림 4.1 Capacitor의 원리

※ 1[F] : 1[V]의 전위차에 1[c]의 전하가 축적될 경우의 정전용량.

◎ 기호

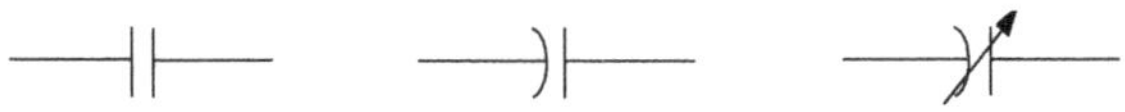

고정 반고정 가변

- 직류 전류를 차단하고 교류 전류를 통과시키는 목적 → 필터
- 전압과 전류의 위상을 인위적으로 변화
- 공진회로 등에 이용됨

(2) 종류와 특성

1) 알루미늄 전해 컨덴서(전해컨덴서, 케미콘)

- 유전체 : 얇은 산화막
- 전 극 : 알루미늄
- 특 성 : 유전체를 매우 얇게 할 수 있으므로 컨덴서의 체적에 비해 큰 용량을 얻을 수 있으나 또한, 극성(+, -)이 표시되어 있음
- 용 도 : 전원의 평활회로, 저주파 바이패스(저주파 성분을 어스등에 패스시켜 회로 동작에 영향을 주지 않도록 함)

  coil 성분이 많아 고주파용으로는 부적합(주파수 특성이 나쁨)
- 주 의 : 극성을 잘못 연결하거나, 전압이 너무 높으면 컨덴서가 파괴됨

  -측이 측면에 표시되어 있음

리드선의 길이로서도 식별 가능

+측 리드선이 길다

〈사용 전압 및 용량 표시〉

예) 50 V, 2200 μF → 수백 μF는 숫자 기호로서만 표시

예) 103 → $10 \times 10^3\,pF = 10^4 \times 10^{-12}F = 10^{-8}F = 0.01\,[\mu F]$

2) 탄탈 전해 컨덴서(탄탈 컨덴서)

- 전극은 탄탈륨
- 온도 특성(온도 변화 시 용량이 변하는 특성), 주파수 특성 모두 전해 컨덴서보다 우수
- 극성이 있고 가격이 비싸다
- 용도로는 온도에 의한 용량 변화가 엄격한 회로, 주파수가 높은 회로

  → 신호 파형을 중요시 하는 아날로그 신호계에 다수 사용됨

3) 세라믹 컨덴서

- 유전체를 유전율이 큰 티탄산 바륨을 사용(Titanium - Barium)
- 인덕턴스(코일의 성질)가 적어 고주파 특성이 양호, 모양은 원반형, 용량은 비교적 작음, 극성 없음
- 고주파 바이패스(고주파 성분 또는 잡음을 어스로 통과시킴)용으로 사용
- 세라믹은 강 유전체의 물질로 아날로그 신호계 회로에 사용하면 신호에 일그러짐이 나옴

4) 폴리에스테르 필름 컨덴서(마일러 컨덴서)

- 얇은 폴리에스테르 필름을 양측에서 금속으로 삽입하여 원통으로 감은 것
- 저가격, 사용이 용이한 반면, 고 정밀도용으로는 부적합
- 101 K, 104 K(0.1 μF) 등으로 표시하나, 제조사에 의해 다를 경우도 있음

5) 폴리프로필렌 컨덴서

- 유전체 재료에 폴리프로필렌(polypropylene) 필름을 사용, 100 kHz 이하의 주파수에 사용 시 거의 용량 변화 없음
- 극성 없음

6) 마이카 컨덴서

- 유전체로 운모(Mica)를 사용
- 온도계수가 작고, 안정성이 우수하며, 주파수 특성도 양호함
- 고주파에서의 공진회로, 필터회로 등에 사용, 또한 절연 내압도 우수하므로 고압회로에 사용
- 용량이 그다지 크지 않고 고가임

7) 가변용량 컨덴서

- 용량 변화가 가능한 컨덴서 → 주파수 조정에 사용
- 유전체로 세라믹(자기)을 사용
- 프린터 기판에 실장 가능하도록 제작되어 있음
- 부착시 주의사항 : 전극의 극성은 없으나 용량을 조절하는 나사 부분이 어느 한쪽의 리드선에 연결되어 있기 때문에 리드선의 한쪽이 어스선에 접속하는 경우에는 조절나사가 연결된 리드선을 어스(earth) 측으로 함(드라이버의 용량이 영향이 주는 것을 피함)

8) 배리콘

- 가변용량 컨덴서로 라디오의 튜너등에 사용됨
- 공기를 유전체로 함

(3) 교류전압 인가 시(C에 있어서 시간 변화에 따른) 전하의 변화

$$q(t) = Cv(t)$$

$$i = \frac{dq(t)}{dt} = C\frac{dv}{dt}$$

◎ $i-v$ 관계식(미분방정식)을 적분하면 컨덴서 양단에 걸리는 전압 v는

$$v_c(t) = \frac{1}{C}\int_{-\infty}^{t} i_c(t)dt = \frac{1}{C}\int_{-\infty}^{t_0} i_c(t)dt + \frac{1}{C}\int_{t_0}^{t} i_c(t)dt$$

$$V_0 = v_c(t=t_0) = \frac{1}{C}\int_{-\infty}^{t_0} i_c(t)dt$$

$$v_c(t) = \frac{1}{C}\int_{t_0}^{t} i_c(t)dt + V_{0,} \quad t \geqq t_0$$

여기서, V_0는 시간 t_0에 컨덴서에 저장되어 있는 전하와 현재 출력에 관여.

(4) 컨덴서의 연결(접속)

1) 직렬연결 : 유전체의 두께가 증가하는 효과(합성 정전용량은 가장 작은 컨덴서 용량보다 작아짐)

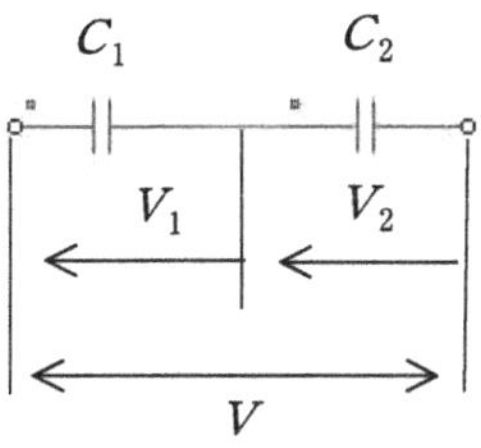

그림 4.2 컨덴서의 직렬연결

$$Q = C_1V_1 = C_2V_2 = CV$$

$$V = V_1 + V_2 = \left(\frac{1}{C_1} + \frac{1}{C_2}\right)Q = \frac{Q}{C_T}$$

$$\frac{1}{C_T} = \frac{1}{C_1} + \frac{1}{C_2} \qquad \therefore C_T = \frac{1}{\frac{1}{C_1} + \frac{1}{C_2}}$$

n개의 컨덴서에 대해 일반화 하면,

$$C_T = \frac{1}{\frac{1}{C_1} + \frac{1}{C_2} + \cdots + \frac{1}{C_n}} = \frac{1}{\sum_{i=1}^{n} \frac{1}{C_i}}$$

▶ 예제) $10\ [\mu F]$와 $5\ [\mu F]$의 컨덴서를 직렬연결하면 합성(등가) 정전용량은 얼마인가?

답)

$$C_T = \frac{1}{\frac{1}{10}+\frac{1}{5}} = \frac{1}{\frac{3}{10}} = \frac{10}{3}[\mu F]$$ 〈작은 컨덴서 용량보다 작게 됨〉

2) 병렬연결 : 판의 면적을 더하는 것과 등가(합성 정전용량은 가장 큰 컨덴서 용량보다 커짐)

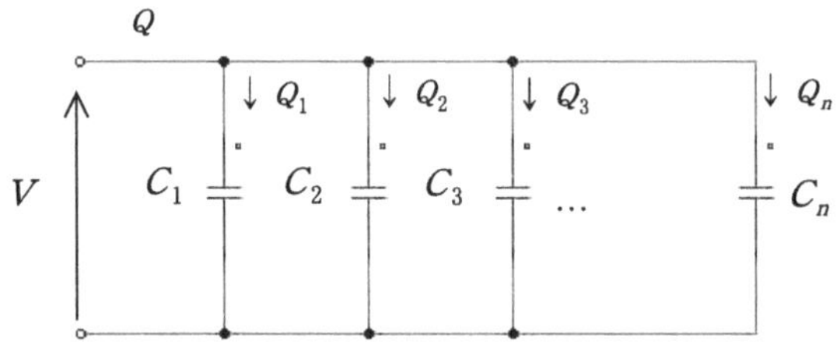

그림 4.3 컨덴서의 병렬연결

$$\begin{aligned} Q_V &= Q_1 + Q_2 + Q_3 + \cdots + Q_n \\ &= C_1 V + C_2 V + C_3 V + \cdots + C_n V \\ &= (C_1 + C_2 + C_3 + \cdots + C_n) V \\ &= C_T V \end{aligned}$$

$$\therefore C_T = C_1 + C_2 + C_3 + \cdots + C_n = \sum_{i=1}^{n} C_i$$

▶ 예제) 아래 회로의 합성 정전용량을 구하라.

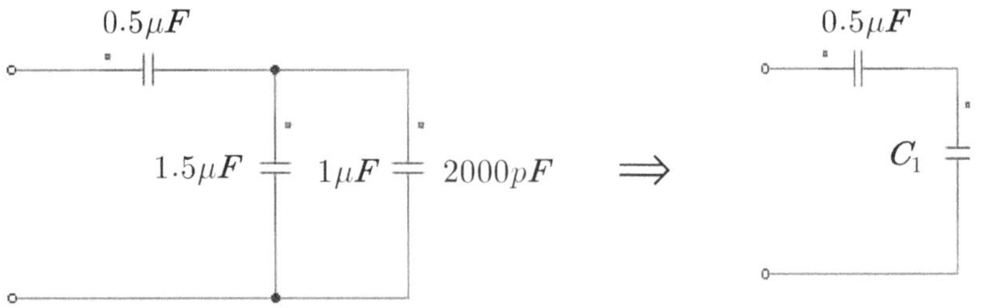

답)

$$C_1 = 1.5\times10^{-6}+1\times10^{-6}+2000\times10^{-12} = 2.502\times10^{-6}\,[F]$$

$$C_T = \frac{1}{\dfrac{1}{0.5\times10^{-6}}+\dfrac{1}{2.502\times10^{-6}}} = 0.417\,[\mu F]$$

◎ capacitor의 용량 증대 방안

- 극판을 크게 한다.
- 극판 간의 거리를 짧게 한다.
- ε이 큰 절연체 물질을 유전체로 사용한다.

(5) 컨덴서의 크기에 따른 전압분배

컨덴서의 직렬회로에서 각 C에 걸리는 전압은 컨덴서 용량에 반비례 함.

▶ 예제) C_1과 C_2에 걸리는 전압을 계산하라.

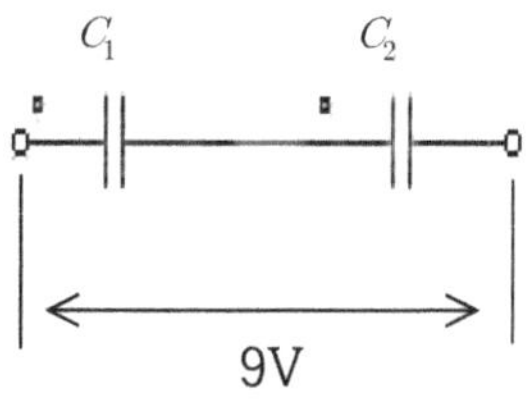

답)

if ① $C_1 = C_2 \rightarrow 4.5\,[V]$씩 공유

② 일반적으로 $V_1 = \dfrac{Q}{C_1}$, $V_2 = \dfrac{Q}{C_2}$이면, $V_1 : V_2 = 1/C_1 : 1/C_2$가 되므로

$C_1 = 1\,[\mu F]$, $C_2 = 2\,[\mu F]$이라면, $V_1 : V_2 = 1 : 1/2$ 즉, $2:1$임

$\therefore V_1 = 9V\times\dfrac{2}{3} = 6\,[V]$, $V_2 = 9V\times\dfrac{1}{3} = 3\,[V]$

(6) 컨덴서에서의 에너지 저장

유전체에 저장되는 에너지

$$W_c(t) = \int P_c(t)dt$$
$$= \int V_c(t)i_c(t)dt = \int V_c(t)C\frac{dV_c(t)}{dt}dt = \frac{1}{2}CV_c^2(t)$$

※ V_c는 직류전압임. 충·방전을 포함한 변화를 모두 고려.

▶ 예제) 12 $[V]$ 배터리에 의해 충전되어 있는 $10[\mu F]$ 컨덴서를 고려하자. 컨덴서에 저장된 전하는? 이때 저장되는 에너지는?

답)

$$Q = CV = 10^{-5}F \times 12V = 120[\mu c]$$
$$W_c(t) = \frac{1}{2}CV_c^2 = \frac{1}{2}\times\frac{120}{12}\times 10^{-6}\times 144 = 72\times 10\times 10^{-6} = 720[\mu J]$$

단위 : $C = \dfrac{Q}{V} = \dfrac{c}{\frac{1J}{1c}} = \dfrac{c^2}{J}$, $V_c^2 = [J/c]^2$

$$CV_c^2 = \frac{c^2}{J}\cdot\frac{J^2}{c^2} = [J]$$

1.4.3 Inductor (L)

(1) 이상(ideal) 인덕터 : 에너지를 저장하는 소자

자기장 형태로 에너지를 저장하는 소자. 절연체 또는 강자성체에 coil을 감아서 만듦
→ 전류가 coil에 흐르면 자기장이 발생.

철선의 저항이 0이고, 직류 전류에 대해서는 단락회로(short circuit)와 같이 동작.

◎ 전자유도(電子誘導)현상

- 외부로부터 자속 변화시 coil에 전자가 유도됨(전류가 흐름) → 전자유도현상

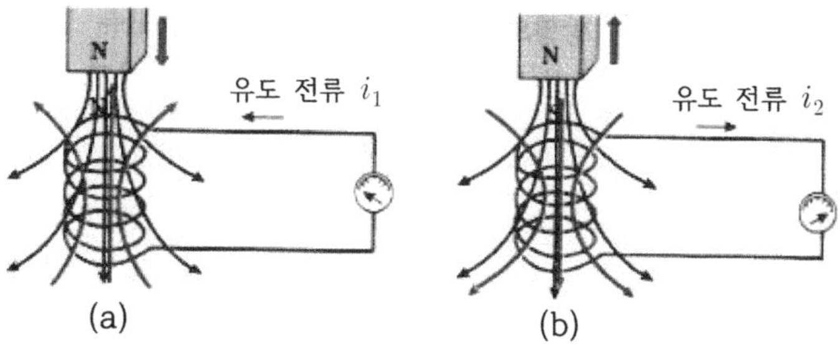

그림 4.4 전자유도현상

(가) 자속 증가시 : i_1

(나) 자속 감소시 : i_2

⇒ 전압발생 ⇒ 전류발생 ⇒ 전하이동

- 1회 coil

$$e = \frac{d\phi}{dt} \quad \text{(Faraday's Law)}$$

ϕ : 자속(Flux) [Wb]

e : 유기전압 [V]

- N회 coil

$$e = N\frac{d\phi}{dt} = \frac{dN\phi}{dt} = \frac{d\lambda}{dt}, \quad \lambda : \text{쇄교자속수 } (\lambda = N\phi)$$

※ 쇄교자속수가 변화할 때 그 변화를 방해하는 방향으로 전압이 발생하는 현상.

◎ 기호와 단위

- 1[H] : 어떤 coil에 매초 1 $[A]$ 의 비율로 전류가 변화할 때 1 $[V]$ 의 역기전력을 발생시키는 자기 인덕턴스의 크기.

(2) 자기인덕턴스와 상호인덕턴스

1) Self inductance

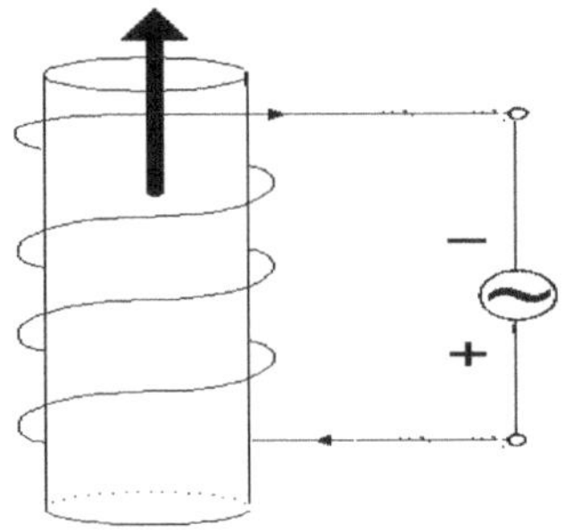

- coil에 전류가 흐르면 자속 발생
- 자속 ϕ는 coil 자신과 쇄교
- 전류변화 시 자속변화
- 자속변화 시 변화를 방해하는 방향으로 coil에 전압발생(自己誘導)

그림 4.5 자기인덕턴스 원리

$e = L\frac{di}{dt}$, L은 Self inductance : 자기유도 역할의 정도를 표시하는 비례계수.

◎ self inductance L

$$e = N\frac{d\phi}{dt} = \frac{d(N\phi)}{dt} = \frac{d(Li)}{dt}$$
$$N\phi = Li$$
$$\therefore L = \frac{N\phi}{i} = \frac{N}{i}\frac{\mu N i S}{l} = \mu\frac{N^2 S}{l}$$

여기서, μ 는 투자율, N은 코일 감은 횟수, S는 단면적, l은 코일의 길이(자로장)

$$\phi = BS \ (\because B = \frac{\phi}{S})$$
$$= \mu HS \ (\because B = \mu H)$$
$$= \mu\frac{Ni}{l}S \ (\because H = \frac{Ni}{l})$$

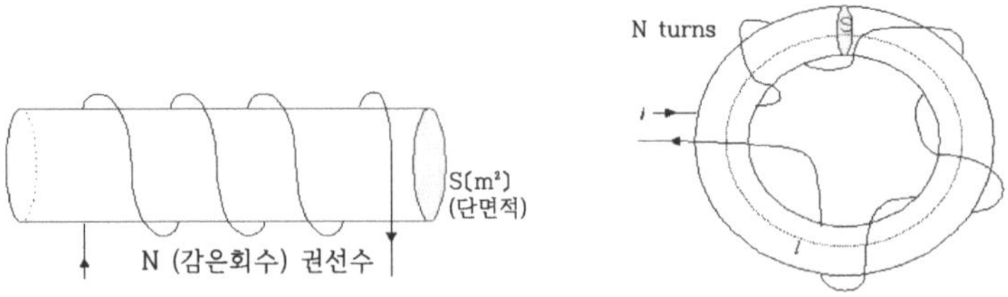

그림 4.6 인덕턴스의 턴수

2) Mutual inductance

1차 코일에 흐르는 전류 i_1에 의해서 발생된 자속 가운데
2차 코일에 쇄교하는 자속을 ϕ_2로 함

↓

1차 코일에 전류 증·감(변화)하면 자속 ϕ_1이 증감함

↓

λ_1	1차 코일의 자속 쇄교 자속수 λ_1 $(N_1\phi_1)$이 변화	2차 코일에 접촉하는 자속 ϕ_2가 증감	
$\frac{d\lambda_1}{dt}$	λ_1의 변화를 방해하는 방향으로 자속변화	2차 코일의 자속 쇄교수 $\lambda_2(N_2\phi_2)$가 변화	λ_2
e_1	1차 코일에 전압 e_1이 발생	λ_2의 변화를 방해하려는 방향으로 자속변화	$\frac{d\lambda_2}{dt}$
	↓ self inductance	2차 코일에 전압 e_2 발생	e_2
		↓ mutual inductance	

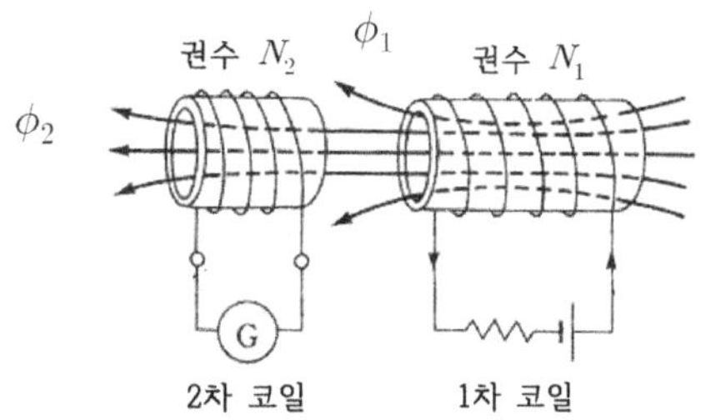

그림 4.7 상호인덕턴스 유도

3) 상호 유도 작용의 예(탭 변압기)

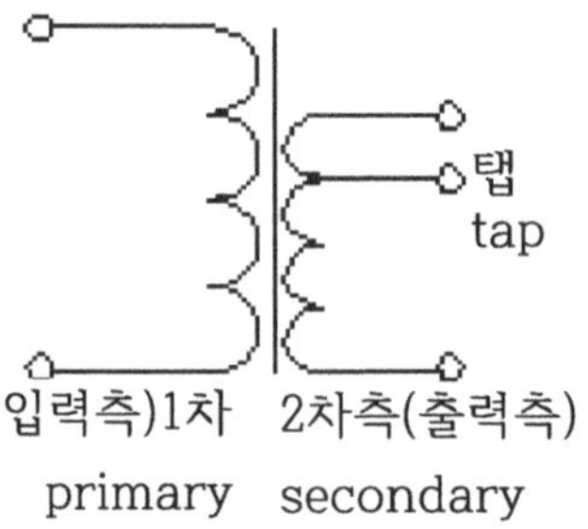

그림 4.8 탭 변압기 원리

※ 두 인덕터를 가까이 하면 한쪽 인덕터의 전력을 다른쪽 인덕터에 전달 가능

(3) 인덕터의 연결

1) 직렬연결

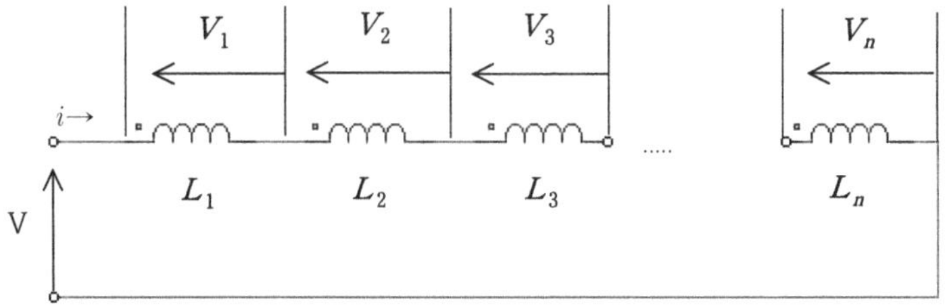

그림 4.9 인덕터의 직렬연결

i : 일정

$$V = V_1 + V_2 + V_3 + \cdots + V_n$$

$$V = V_1 + V_2 + V_3 + \cdots + V_n, \quad v = L\frac{di}{dt} \rightarrow i = \frac{1}{L}\int_{-\infty}^{t} v\,dt$$

$$= (L_1 + L_2 + L_3 + \cdots + L_n)\frac{di}{dt} = L_T\frac{di}{dt}$$

$$\therefore L_T = L_1 + L_2 + L_3 + \cdots + L_n = \sum_{i=1}^{n} L_i$$

2) 병렬연결

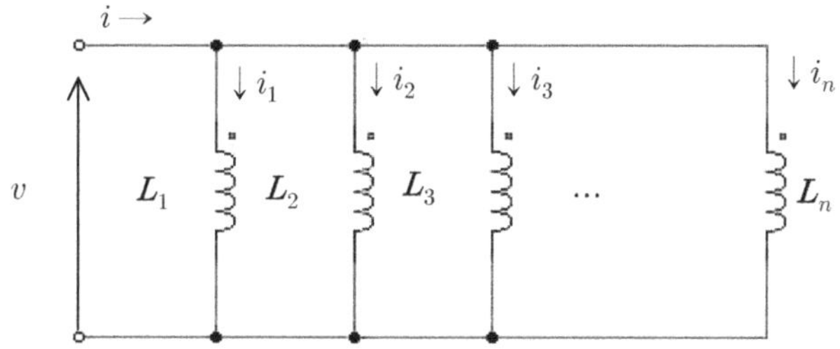

그림 4.10 인덕터의 병렬연결

v : 일정

$$i = i_1 + i_2 + i_3 + \cdots + i_n$$

$$i_1 = \frac{1}{L_i}\int v\,dt$$

$$i = \left(\frac{1}{L_1} + \frac{1}{L_2} + \frac{1}{L_3} + \cdots + \frac{1}{L_n}\right)\int v\,dt$$
$$= \frac{1}{L_T}\int v\,dt$$

$$\frac{1}{L_T} = \frac{1}{L_1} + \frac{1}{L_2} + \frac{1}{L_3} + \cdots + \frac{1}{L_n}$$

$$\therefore L_T = \frac{1}{\frac{1}{L_1} + \frac{1}{L_2} + \frac{1}{L_3} + \cdots + \frac{1}{L_n}} = \frac{1}{\sum_{i=1}^{n}\frac{1}{L_i}}$$

(4) Inductance로 정의되는 방정식과 inductor의 에너지 저장

1) inductor에 대해 정의되는 방정식

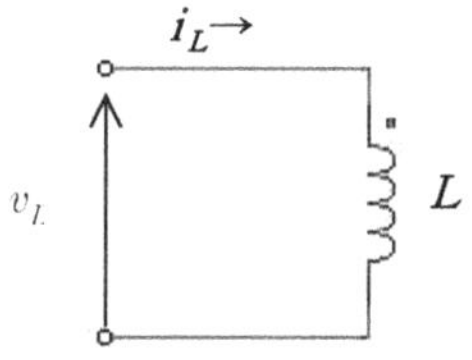

$$v_L = L\frac{i_L}{dt}$$

$$\therefore i_L = \frac{1}{L}\int_{-\infty}^{t} v_L\,dt = \frac{1}{L}\int_{-\infty}^{t_0} v_L\,dt + \frac{1}{L}\int_{t_0}^{t} v_L\,dt$$
$$= \frac{1}{L}\int_{t_0}^{t} v_L\,dt + I_0 \qquad (t \geq t_0)$$
$$\text{단, } I_0 = i_L(t = t_0) = \frac{1}{L}\int_{-\infty}^{t} v_L\,dt$$

2) inductor에서의 에너지 저장

$$P_L(t) = v_L(t) i_L(t) = i_L(t) L\frac{d i_L(t)}{dt} = \frac{d}{dt}[\frac{1}{2}L i_L^2(t)]$$

$$W_L(t) = \int P_L(t)\,dt = \int \frac{d}{dt}[\frac{1}{2}L i_L^2(t)]dt = \frac{1}{2}L i_L^2(t)[J]$$

L은 단위가 Henry[H], i 의 단위는 Ampere[A]

▶ 예제) $i_L = 3[A]$, $L = 10[H]$, $W_L = ?$

답) $W_L = 1/2 L i_L^2 = 1/2 \times 10 \times 9 = 45\ [J]$

▶ 예제) 다음 회로에서 합성 인덕턴스 L_T를 구하라.

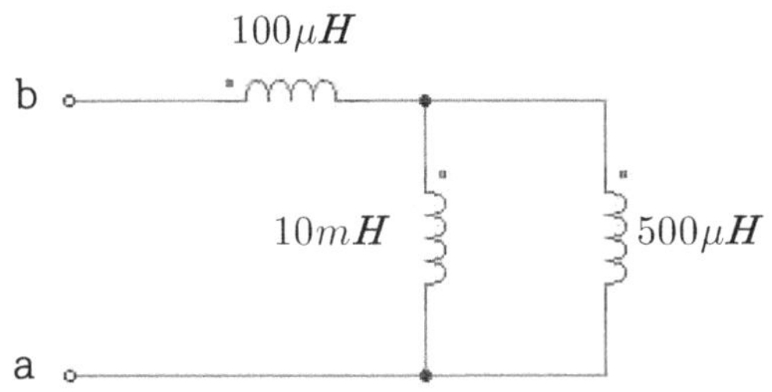

답) 우선, 병렬로 연결된 회로의 합성 인덕턴스를 구한다.

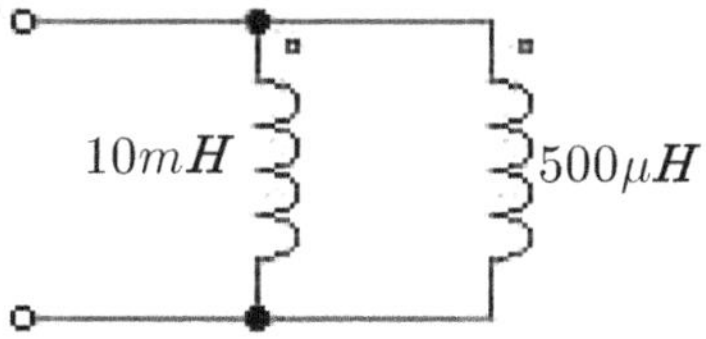

$$L_{PT} = \frac{1}{\frac{1}{10\times10^{-3}}+\frac{1}{500\times10^{-6}}} = \frac{1}{10^2+2\times10^3} = \frac{1}{2100}[H]$$

- 직렬로 연결된 회로의 합성 인덕턴스

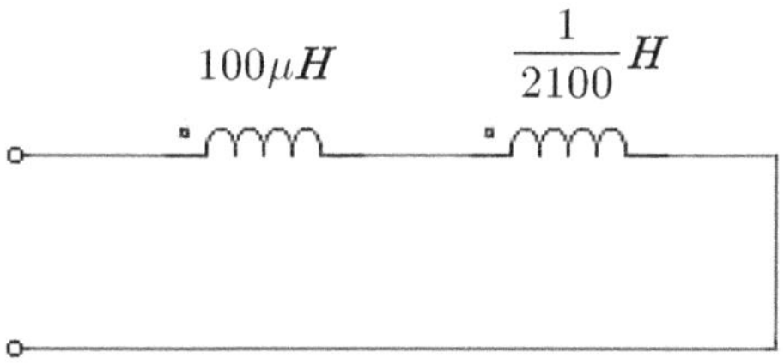

$$L_T = 100\times10^{-6}+\frac{1}{2100} = 10^{-4}+\frac{1}{2100} \fallingdotseq 576[\mu H]$$

1-5 기본 교류회로

1.5.1 Resistance 회로

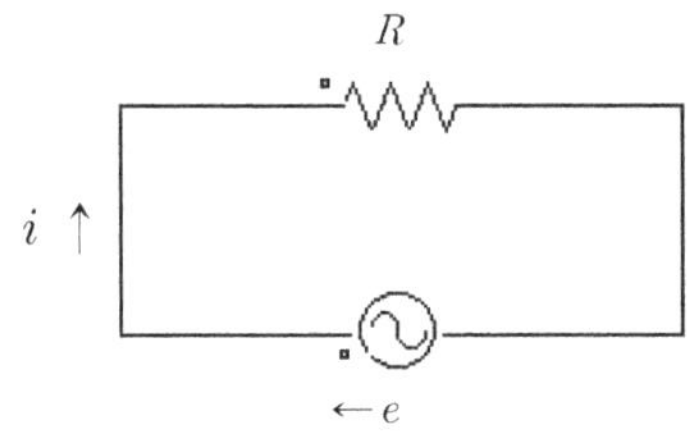

그림 5.1 저항회로

put : $e = E_m \sin\omega t \ [V]$

$$i = ?$$

$$i = \frac{e}{R} = \frac{E_m}{R} sin\omega t = I_m \sin\omega t \ [A]$$

단, $I_m = \dfrac{E_m}{R}$

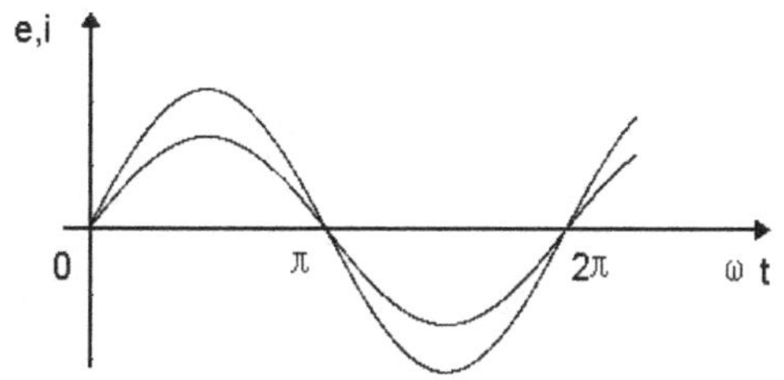

그림 5.2 크기와 위상 관계

- 크기 : $I_m = \dfrac{E_m}{R}$
- 파형 : 불변(sine wave)
- 위상 : 불변(in-phase)
- 각속도 : 불변(ω)

※ 저항회로에서는 크기 정보만이 변화됨.

- 전압과 전류의 실효치를 E와 I로 하면,

  $E_m = \sqrt{2}\,E,\ I_m = \sqrt{2}\,I$ 이므로

  $\sqrt{2}\,I = \dfrac{\sqrt{2}\,E}{R} \quad \therefore I = \dfrac{E}{R}$ in-phase이므로

※ Vector(구체적으로는 phasor) 표현을 쓰면 $\boldsymbol{E} = \boldsymbol{IR}$ 〈기호법이라고도 함〉

1.5.2 Inductance 회로

$$e = e_L = L\frac{di}{dt}$$

$$put:\ i = I_m \sin\omega t\ [A]$$

$$\begin{aligned} e = e_L &= L\omega I_m \cos\omega t \\ &= \omega L I_m \sin(\omega t + \pi/2) \\ &= E_m \sin(\omega t + \pi/2)\ [V] \end{aligned}$$

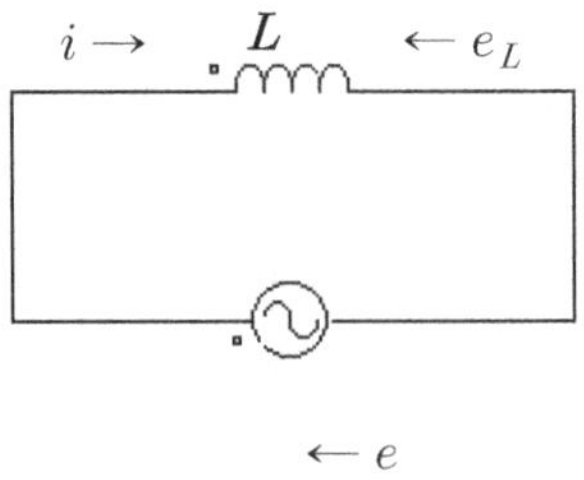

그림 5.3 인덕턴스 회로

단, $E_m = \omega L I_m$

$$\omega L = \frac{E_m}{I_m} = X_L = 2\pi f L \ [\Omega]$$

X_L : **유도리액턴스** (*inductive reactance*) $[\Omega]$

→ 저항의 역할이나 저항과는 성질이 다름.

- 크기 정보 : $I_m = \dfrac{E_m}{X_L}$ 변화
- 파형 정보 : 불변(sinusoidal wave)
- 각 속 도 : 불변
- 위 상 : 전압이 전류보다 $\dfrac{\pi}{2}$ lead함

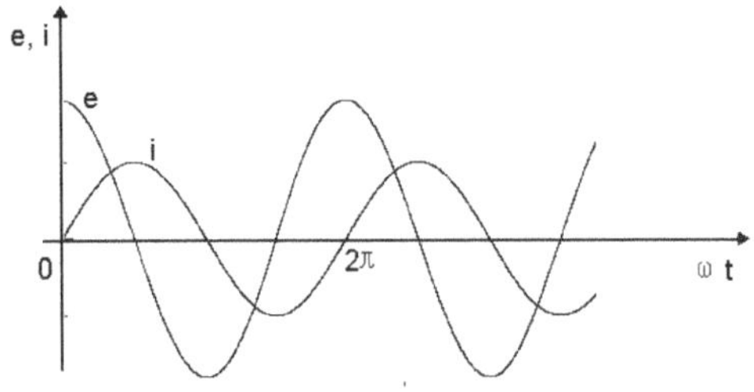

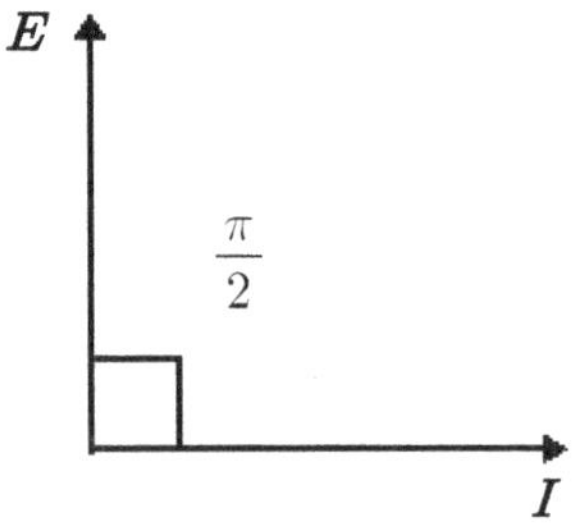

<Vector 표시>

그림 5.4 인덕턴스 회로의 크기와 위상 관계

※ 인덕턴스 회로에서는 크기와 위상이 변화됨.

$$X_L = \omega L = 2\pi f L = \frac{\sqrt{2}E}{\sqrt{2}I} = \frac{E}{I}\ [\Omega]$$

※ 직류인 경우 $f = 0$이므로, $X_L = 0$이 되어 short circuit로 됨.

1.5.3 Capacitance 회로

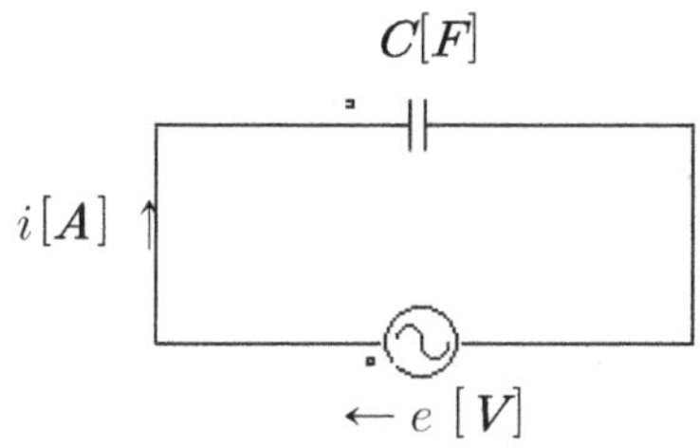

그림 5.5 정전용량 회로

$$put : e = E_m \sin\omega t$$

$$\text{전류}\ i = \frac{dq}{dt}$$

C에 걸리는 전압과 전하와의 관계는 $q = Ce$

$$\begin{aligned} \therefore i = \frac{dq}{dt} &= C\frac{d}{dt}(E_m \sin\omega t) \\ &= \omega C E_m \cos\omega t \\ &= \omega C E_m \sin(\omega t + \frac{\pi}{2}) \\ &= I_m \sin(\omega t + \frac{\pi}{2})\ [A] \end{aligned}$$

단, $I_m = \omega C E_m$

$$\frac{1}{\omega C} = \frac{E_m}{I_m} = \frac{\sqrt{2}E}{\sqrt{2}I} = \frac{E}{I}\ [\Omega]$$

$$X_C = \frac{1}{\omega C} = \frac{1}{2\pi f C}\ [\Omega]$$

→ 용량리액턴스(capacitive reactance)

※ 저항의 역할을 하지만 저항과는 물리적 성질이 다름(주파수에 따라 가변).

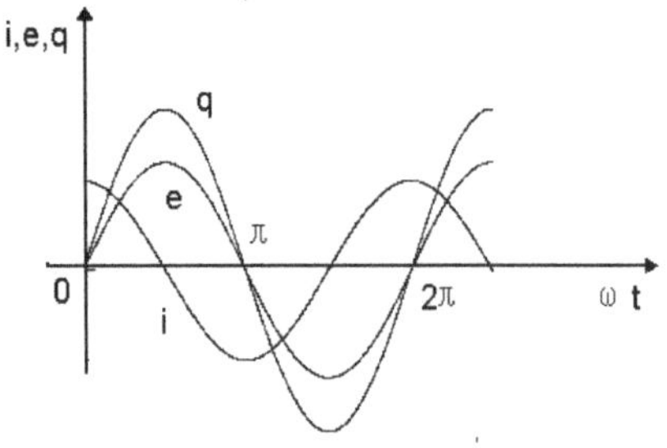

<크기 위상 관계>

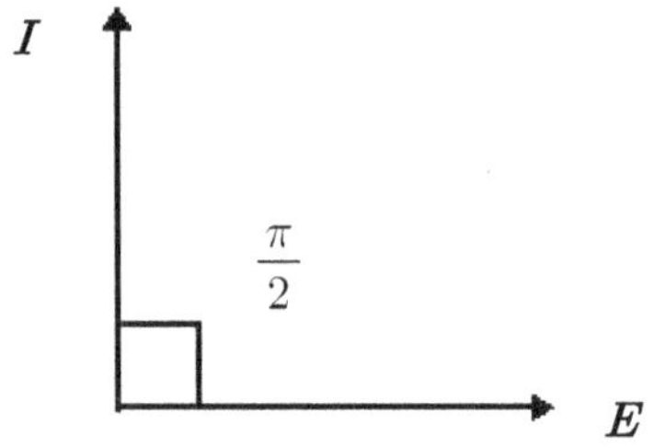

<Vector 표시>

그림 5.6 정전용량 회로의 크기와 위상 관계

- 크 기 : $I_m = \omega CE_m = \dfrac{E_m}{X_C}$ 변화
- 파 형 : 불변(sinusoidal wave)
- 각속도 : 불변(ω)
- 위 상 : 전류가 전압보다 $\frac{\pi}{2}$ lead함

☞ 직류인 경우 $\lim_{f \to 0} X_C = \dfrac{1}{2\pi fC} = \infty$: open circuit로 됨.

☞ 정정용량 회로에서는 크기와 위상만이 변화됨.

※ R, L, C 회로에서는 파형과 각속도 정보는 불변임.

따라서, 회로 계산 시에는 크기와 위상 정보만을 연산하고 최종 순시값 표현에서만 파형과 각속도 정보를 반영하면 됨.

▶ 예1) 유도리액턴스 $25[\Omega]$의 coil에 $100[V]$의 교류전압을 걸었을 경우, 흐르는 전류는 얼마인가 ?

답)

$$I = \frac{V}{X_L}$$
$$X_L = 25[\Omega],\ V = 100[V] \rightarrow \text{실효값}$$
$$\therefore I = \frac{100}{25} = 4[A]$$

▶ 예2) 자기인덕턴스 $0.5[H]$의 coil에 $100[V]$, $60[Hz]$의 전압을 인가할 경우, 유도리액턴스의 값과 이 coil에 흐르게 될 전류 I를 구하라.

답)

$$X_L = \omega L = 2\pi f L = 2\pi \times 60 \times 0.5 = 60\pi[\Omega]$$
$$I = \frac{V}{X_L} = \frac{100}{60\pi}\ [A]$$

▶ 예3) 자기인덕턴스만의 회로에 $50[Hz]$, $200[V]$를 인가할 경우 $60[A]$의 전류가 흘렀다. $220[V]$, $60[Hz]$를 인가할 경우 이 회로에 흐르게 될 전류값은?

답)

$$I_1 = \frac{V_1}{X_{L1}} \quad \therefore X_{L1} = \frac{V_1}{I_1} = \frac{200}{60} = \frac{20}{6}[\Omega]$$
$$X_{L1} = 2\pi f_1 L_0 = \frac{20}{6},\ L_0 = \frac{20}{2\pi f_1 \times 6} = \frac{1}{2\pi \times 50} \times \frac{20}{6} = \frac{1}{30\pi}[H]$$
$$X_{L2} = 2\pi f_2 L_0 = 2\pi \times 60 \times \frac{1}{30\pi} = 4[\Omega]$$
$$\therefore I_2 = \frac{V_2}{X_{L2}} = \frac{220}{4} = 55[A]$$

1.5.4 R-L 직렬회로

(1) 순시값 표현을 이용한 계산법

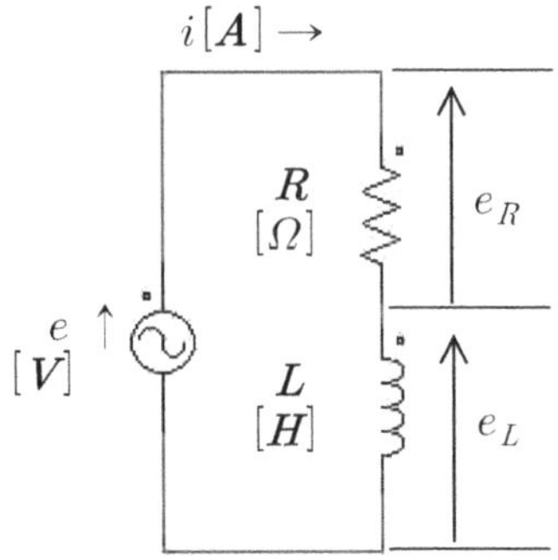

그림 5.7 R-L 직렬회로

put : $i = I_m \sin \omega t \ [A]$

by KVL

$$
\begin{aligned}
e &= e_R + e_L \\
&= Ri + L\frac{di}{dt} \\
&= R I_m \sin\omega t + \omega L I_m \cos\omega t \\
&= I_m (R \sin\omega t + X_L \cos\omega t) \\
&= I_m \sqrt{R^2 + X_L^2} \left(\frac{R}{\sqrt{R^2 + X_L^2}} sin\omega t + \frac{X_L}{\sqrt{R^2 + X_L^2}} cos\omega t \right) \\
&= I_m \sqrt{R^2 + X_L^2} \ (\sin\omega t \cos\theta + \cos\omega t \sin\theta) \\
&= I_m \sqrt{R^2 + X_L^2} \ \sin(\omega t + \theta)
\end{aligned}
$$

단, $\tan\theta = \dfrac{X_L}{R} \qquad \therefore \theta = \tan^{-1}\dfrac{X_L}{R} (^\circ)$

$$= E_m \sin(\omega t + \theta) \ [V]$$

단, $E_m = I_m \sqrt{R^2 + X_L^2}$

$$\sqrt{R^2 + X_L^2} = \frac{E_m}{I_m} = \frac{E}{I}\ [\Omega]$$

- R과 L의 합성저항임.
- 단순히 scalar적으로 더하는 것이 아님.

※ 순시값 표현은 파형 및 각속도 정보를 포함하고 있는 관계로 계산식이 복잡함.

→ R, L, C회로 연산 시 더욱 복잡하게 됨

→ 보다 간편한 계산 방법이 요구됨

→ Phasor 법의 이용이 바람직

※ 계산이 복잡하게 되는 이유 : 파형과 ω정보 때문임.

(2) 페이저(Phasor)법과 이에 의한 회로 해석

1) Phasor법(Phasor 표시, 복소수 표시, 벡터 기호법)

Phase + Vector

Phasor (정지 vector임)

☞ 적용 규칙(전제 조건)

- 전원이 정현파일 것.
- 회로가 선형소자(R, L, C)로 구성될 것.
- 정상상태 해석일 것.

☞ 적용 원리

〈Phasor법 : 계산이 간편하다〉

- 실효값과의 혼돈을 피하기 위해 Phasor는 vector 표시가 바람직 $\boldsymbol{E} = E\epsilon^{j\theta_e}$
- 파형 정보와 각속도 정보는 최후의 순시값 표현이 필요할 경우에 첨가
- 미분·적분 연산이 → 복소수의 대수 연산으로 간편하게 됨
- 이론적 근거는 복소수 표현법에 의존

표 5.1 교류의 표현

	전 압	회 로	전 류
현상의 세계	$e(t) = E_m \sin(\omega t + \theta_e)$	$\frac{d}{dt}$ k $\int dt$	$i(t) = I_m \sin(\omega t + \theta_i)$
	시간정지(정지벡터)	↓ ↓ ↓	시간이동(회전벡터)
기호의 세계	$\boldsymbol{E} = \lvert \boldsymbol{E} \rvert \epsilon^{j\theta_e}$ or $\boldsymbol{E} = E\epsilon^{j\theta_e}$	$j\omega$ k $\frac{1}{j\omega}$	$\boldsymbol{I} = \lvert \boldsymbol{I} \rvert \epsilon^{j\theta_i}$ or $\boldsymbol{I} = I\epsilon^{j\theta_i}$

○ Resistor $\boldsymbol{E} = R\boldsymbol{I} \quad \rightarrow \boldsymbol{I} = G\boldsymbol{E}$

○ Inductor $\boldsymbol{E} = j\omega L\boldsymbol{I} \quad \rightarrow \boldsymbol{I} = \frac{1}{j\omega L}\boldsymbol{E}$

○ Capacitor $\boldsymbol{E} = \frac{1}{j\omega C}\boldsymbol{I} \quad \rightarrow \boldsymbol{I} = j\omega C\boldsymbol{E}$

◎ Phasor 표시의 이론적 근거

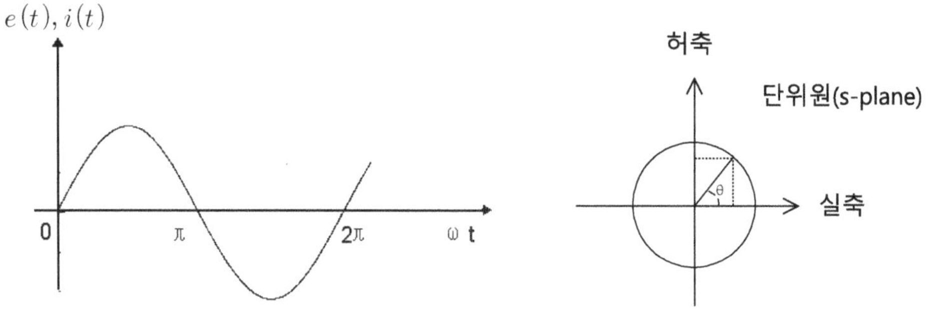

그림 5.8 교류의 Phasor 표현

- 정현파 순시값 표현

$$\begin{cases} v = V_m \sin(\omega t + \theta_v) \\ e = E_m \sin(\omega t + \theta_e) \\ i = I_m \sin(\omega t + \theta_i) \end{cases}$$

- 회전 vector를 복소지수함수 표현

$$\epsilon^{j(\omega t + \theta)} = \cos(\omega t + \theta) + j\sin(\omega t + \theta)$$

- Euler 항등식, 허수부(y축 투영분)만을 취한다면,

$$I_{mag}\{\epsilon^{j(\omega t+\theta)}\} = \sin(\omega t+\theta)$$

이를 전제로,

$$\begin{cases} e = E_m \sin(\omega t+\theta_e) & \rightarrow \ \boldsymbol{E} = E_m\,\epsilon^{j(\omega t+\theta_e)} \\ i = I_m \sin(\omega t+\theta_e-\phi) & \rightarrow \ \boldsymbol{I} = I_m\,\epsilon^{j(\omega t+\theta_e-\phi)} \end{cases}$$

※ 순시값 표현을 복소지수함수 표현으로 나타내면, 미분·적분 연산이 간단해짐.

$$\text{미분 : }\begin{cases} \dfrac{d\boldsymbol{E}}{dt} = j\omega \boldsymbol{E}_m\,\epsilon^{j(\omega t+\theta_e)} = j\omega\boldsymbol{E} \\ \dfrac{d\boldsymbol{I}}{dt} = j\omega \boldsymbol{I}_m\,\epsilon^{j(\omega t+\theta_e-\phi)} = j\omega\boldsymbol{I} \end{cases} \Rightarrow \frac{d}{dt} \rightarrow j\omega$$

$$\text{적분 : }\begin{cases} \displaystyle\int \boldsymbol{E}\,dt = \frac{1}{j\omega}E_m\,\epsilon^{j(\omega t+\theta_e)} = \frac{1}{j\omega}\boldsymbol{E} \\ \displaystyle\int \boldsymbol{I}\,dt = \frac{1}{j\omega}I_m\,\epsilon^{j(\omega t+\theta_e-\phi)} = \frac{1}{j\omega}\boldsymbol{I} \end{cases} \Rightarrow \int dt \rightarrow \frac{1}{j\omega}$$

☞ j에 위상 정보가 포함되어 있음

☞ 이 단계까지는 정지 vector가 아님(각속도 정보를 포함)

2) Phasor 표현에 의한 회로 해석

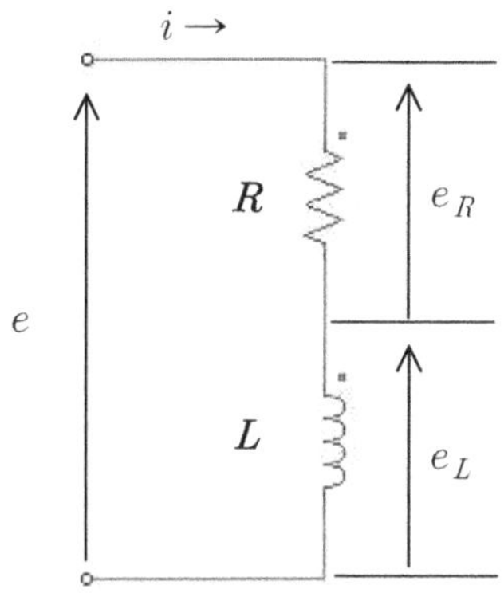

if, $i = I_m \sin\omega t$

$e_R = i\boldsymbol{R}$, $\quad \boldsymbol{E}_R = \boldsymbol{RI}$

$e_L = \boldsymbol{L}\dfrac{di}{dt}$, $\quad \boldsymbol{E}_L = j\omega \boldsymbol{LI}$

$e = e_R + e_L$, $\quad \boldsymbol{E} = \boldsymbol{E}_R + \boldsymbol{E}_L$

$$= (\boldsymbol{R} + j\omega\boldsymbol{L})\boldsymbol{I}$$

$$= \sqrt{R^2 + (\omega L)^2}\,\boldsymbol{I}\angle\theta$$

$$\therefore \boldsymbol{I} = \frac{1}{\boldsymbol{R}+j\omega\boldsymbol{L}}\boldsymbol{E}$$

단, $\theta = \tan^{-1}\dfrac{\omega \boldsymbol{L}}{\boldsymbol{R}}$ (°)

◎ 순시값 표현에서의 결과 비교

$$e = \sqrt{R^2 + (\omega L)^2}\ |I|\ \epsilon^{j(\omega t + \theta)}$$

$$= \sqrt{R^2 + (\omega L)^2}\ I_m \sin(\omega t + \theta)$$

$$= E_m \sin(\omega t + \theta)\ [V]$$

$$\theta = \tan^{-1}\frac{\omega L}{R}\ (^\circ)$$

$$E_m = \sqrt{R^2 + (\omega L)^2}\ I_m$$

$$\frac{E}{I} = \sqrt{R^2 + (\omega L)^2}\ [\Omega]$$

◎ 임피던스

$$Z = R + j\omega L = R + jX_L \ : \text{impedance}\ [\Omega]$$

이 Z를 이용하면,

$$I = \frac{E}{Z}\ [A]$$

1.5.5 R-L-C 직렬회로

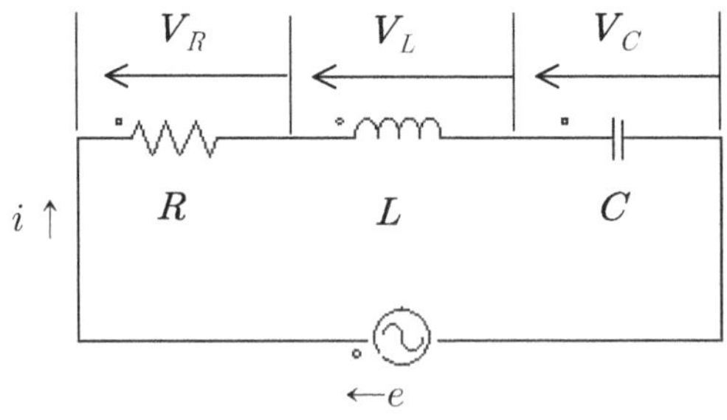

그림 5.9 R-L-C 직렬회로

put : $e = E_m \sin(\omega t - \theta)$

$$Ri + L\frac{di}{dt} + \frac{1}{C}\int i\,dt = E_m \sin(\omega t - \theta)$$

(1) 복소수 표시

$$\left(R + j\omega L + \frac{1}{j\omega C}\right)\boldsymbol{I} = \boldsymbol{E} \qquad \text{(a)}$$

직각좌표임 → 복소지수함수 꼴로 고치면,

$$\sqrt{R^2 + (\omega L - \frac{1}{\omega C})^2}\,\epsilon^{j\phi}\,\boldsymbol{I} = \boldsymbol{E}$$

단, $\phi = \tan^{-1}\dfrac{\omega L - \dfrac{1}{\omega C}}{R}$, $\boldsymbol{E} = E_m \epsilon^{j(\omega t - \theta)}$: 복소지수함수

$$\boldsymbol{I} = \frac{E_m \epsilon^{j(\omega t - \theta)}}{\sqrt{R^2 + (\omega L - \frac{1}{\omega C})^2}\,\epsilon^{j\phi}} = \frac{E_m}{\sqrt{R^2 + (\omega L - \frac{1}{\omega C})^2}}\,\epsilon^{j(\omega t - \theta - \phi)}$$

$$\boldsymbol{I} = \frac{\boldsymbol{E}}{R + jX} = \frac{\boldsymbol{E}}{\boldsymbol{Z}} \qquad \text{(a)'}$$

(2) 순시값 표현

$$i = I_m \sin(\omega t - \theta - \phi)$$

$$I_m = \frac{E_m}{\sqrt{R^2 + (\omega L - \frac{1}{\omega C})^2}}$$

◎ 복소 임피던스(벡터 임피던스) → 기호법으로 표시된 임피던스

$$\boldsymbol{Z} = R + jX = R + j(X_L - X_C) = R + j(\omega L - \frac{1}{\omega C})$$

여기서, $\boldsymbol{X}$는 합성리액턴스(resultant reactance)

(3) Phasor법(기호법)

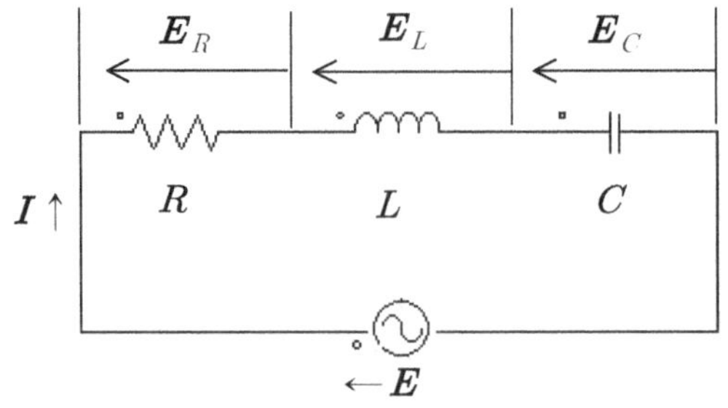

그림 5.10 R-L-C 회로도

- 교류전압 $\boldsymbol{E}\,[V]$ 를, R, L, C 직렬회로에 인가할 경우 회로에 흐르게 될 전류 $\boldsymbol{I}$는?

$$\boldsymbol{E} = \boldsymbol{E}_R + \boldsymbol{E}_L + \boldsymbol{E}_C = R\boldsymbol{I} + j\omega L\boldsymbol{I} - j\frac{1}{\omega C}\boldsymbol{I}$$

따라서, 전류 $\boldsymbol{I}$와 임피던스 $\boldsymbol{Z}$는

$$\boldsymbol{I} = \frac{\boldsymbol{E}}{\boldsymbol{Z}} = \frac{\boldsymbol{E}}{R + j\left(\omega L - \frac{1}{\omega C}\right)}$$

$$\boldsymbol{Z} = R + j\left(\omega L - \frac{1}{\omega C}\right) = R + j\,(X_L - X_C) = R + jX$$

$$X = \omega L - \frac{1}{\omega C} \text{ (X는 합성 리액턴스)}$$

$$\boldsymbol{Z} = R + jX \text{ ($\boldsymbol{Z}$는 벡터 임피던스, 복소 임피던스)}$$

$\boldsymbol{I}$와 $\boldsymbol{Z}$의 절대값 및 위상각을 구하면,

$$|\boldsymbol{I}| = \frac{|\boldsymbol{E}|}{|\boldsymbol{Z}|} = \frac{|\boldsymbol{E}|}{\sqrt{R^2 + \left(\omega L - \frac{1}{\omega C}\right)^2}} \ [A]$$

$$|\boldsymbol{Z}| = \sqrt{R^2 + \left(\omega L - \frac{1}{\omega C}\right)^2} \ [\Omega]$$

$$\boldsymbol{Z}\text{의 위상각 } \theta = \tan^{-1}\frac{\left(\omega L - \dfrac{1}{\omega C}\right)}{R} \ (^\circ)$$

◎ R-L-C 직렬회로의 Phasor 도

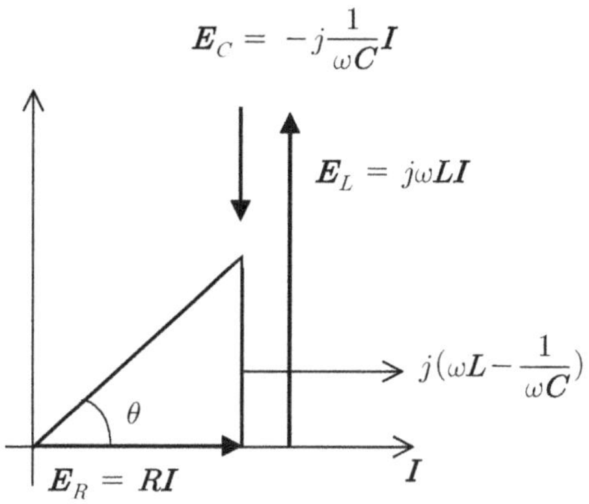

그림 5.11 R-L-C 직렬회로의 Phasor 도

◎ 합성리액턴스 $X = X_L - X_C$ [Ω]

① $X_L > X_C$; $X > 0$

유도성 회로(inductive circuit)

전류는 전압보다 위상이 θ만큼 뒤진다. ($\theta > 0$)

② $X_L = X_C$; $X = 0$

직렬공진회로(resonance circuit)

전류와 전압은 동 위상으로 됨 ($\theta = 0$)

③ $X_l < X_C$; $X < 0$

용량성 회로(capacitive circuit)

전류는 전압보다 위상이 θ만큼 앞선다. ($\theta < 0$)

[R-L-C 직렬회로에 대한 Phasor법의 적용 예제]

Q : 다음의 R, L, C 직렬회로에 대한 아래 물음에 답하시오.

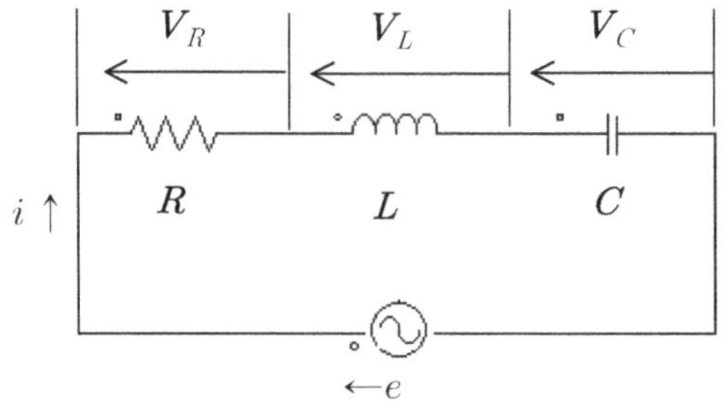

put : $e = 100\sqrt{2}\,sin60\pi t$ [V]

$$R = 30\ [\Omega]$$
$$L = \frac{1}{2\pi}\ [H]$$
$$C = \frac{1}{4200\pi}\ [F]$$

① X_L, X_C를 구하여 합성리액턴스 X를 구하라.

② 복소 임피던스 Z를 구하라.

③ 전압 e를 페이저로 표현하라.

④ 전류 I를 페이저법으로 구하라.

⑤ 소자에 걸리는 전압 V_R, V_L, V_C를 구하라.

⑥ 이들의 벡터 관계를 전류를 기준 페이저로 하여 표시하라.

⑦ 순시전류 $i(0)$를 구하라.

⑧ 공진 주파수를 구하라.

⑨ 공진 시 이 회로에 흐르게 될 전류값을 구하라.

⑩ 직렬공진의 의미를 밝히고 공진을 고려한 소자의 용량 설계 시 주의할 점을 간단히 기술하라.

1.5.6 R-L-C 병렬회로

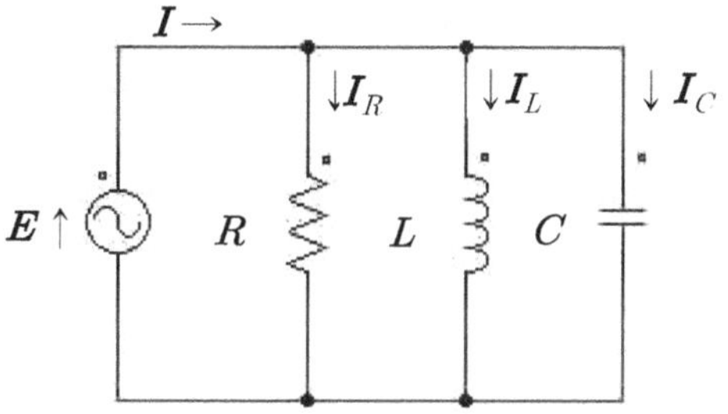

그림 5.12 R-L-C 병렬회로도

$$\boldsymbol{I}_R = \frac{\boldsymbol{E}}{R},\ \boldsymbol{I}_L = \frac{\boldsymbol{E}}{j\omega L},\ \boldsymbol{I}_C = \frac{\boldsymbol{E}}{\dfrac{1}{j\omega C}} = j\omega C\boldsymbol{E}$$

$$\begin{aligned}\boldsymbol{I} &= \boldsymbol{I}_R + \boldsymbol{I}_L + \boldsymbol{I}_C \\ &= \boldsymbol{E}\left(\frac{1}{R} - j\frac{1}{\omega L} + j\omega C\right) \\ &= \frac{\boldsymbol{E}}{\dfrac{1}{\dfrac{1}{R} - j\left(\dfrac{1}{\omega L} - \omega C\right)}} = \frac{\boldsymbol{E}}{\boldsymbol{Z}}\quad [A]\end{aligned}$$

단, $\boldsymbol{Z} = \dfrac{1}{\dfrac{1}{R} - j\left(\dfrac{1}{\omega L} - \omega C\right)}\quad [\Omega]$

put : $\boldsymbol{Y} = \dfrac{1}{\boldsymbol{Z}} = \dfrac{1}{R} - j\left(\dfrac{1}{\omega L} - \omega C\right)$

$\boldsymbol{I} = \boldsymbol{Y}\boldsymbol{E}\quad [A]$ ($\boldsymbol{Y}$는 벡터 어드미턴스(admittance))

$\boldsymbol{Y} = G + jB\quad [1/\Omega],[\mho],[S]$ (G는 컨덕턴스(conductance),

B는 서셉턴스(susceptance))

Q1 : 다음의 R, L, C 병렬회로에 대한 물음에 답하시오.

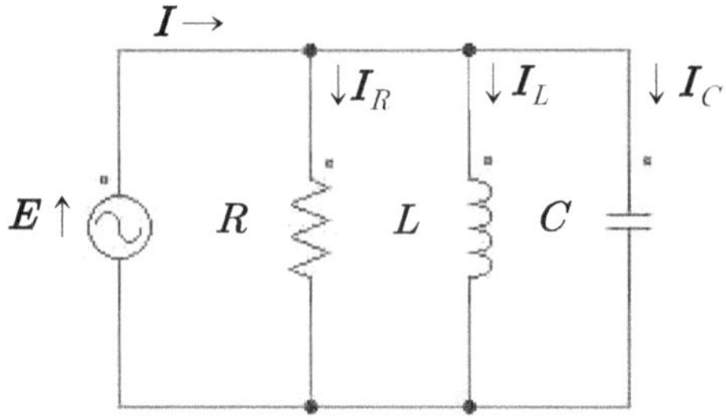

put : $E = 96\epsilon^{j0}[V]$, 주파수는 60 [Hz] 임

$$R = 24[\Omega],\ L = \frac{2}{15\pi}[H],\ C = \frac{1}{3840\pi}[F]$$

① I_R, I_L, I_C를 구하고 회로에 흐르는 전류 I를 구하라.

② 어드미턴스 Y를 구하라.

③ 이 회로의 공진주파수를 구하고 이 때 흐르게 될 전류가 최소값인지 최대값인지를 밝혀라.

④ 전압벡터를 기준벡터로 하여 I_R, I_L, I_C를 벡터 상에서 표현하고, 합성전류 I를 나타내어라.

Q2 : 다음의 R, L, C 직렬회로에 대한 물음에 답하시오.

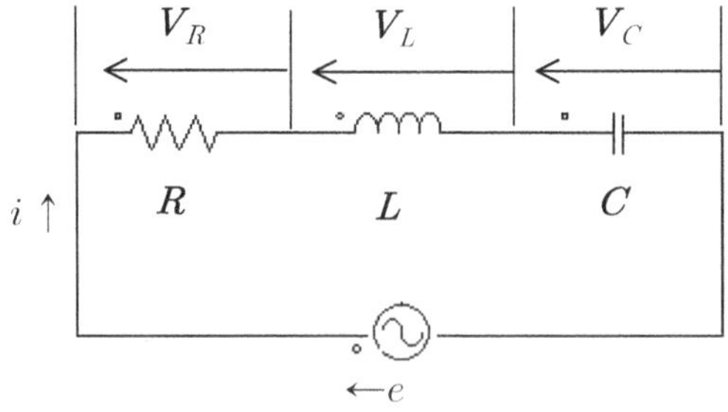

put : $e = 100\sqrt{2}\,sin\,120\,\pi t\ [V]$

$R = 6\,[\Omega],\ X_L = 12\,[\Omega],\ X_C = 4\,[\Omega]$

① 임피던스 $\overrightarrow{Z}$, 전류$\overrightarrow{I}$, 초기전류 $i(0)$를 각각 구하라.

② 공진주파수 f_r, 공진전류 I_r을 구하라.

③ 이 회로의 역률(%)을 구하라.

④ 이 회로의 소비전력 P와 피상전력 P_a를 구하라.

⑤ 이 회로는 유도성인가 용량성인가?

⑥ $\overrightarrow{V_R}, \overrightarrow{V_L}, \overrightarrow{V_C}$와 합성전압 $\overrightarrow{V}$를 표시하라. (기준 : $\overrightarrow{I}$로 할 것)

1.5.7 공진회로

(1) 직렬공진

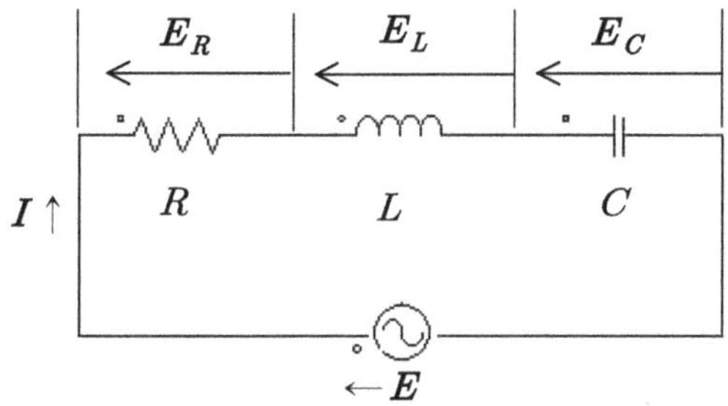

그림 5.13 직렬공진

$$전류 : I = \frac{E}{\sqrt{R^2 + (\omega L - \frac{1}{\omega C})^2}\, \epsilon^{j\theta_Z}}$$

$$전류의\ 크기 : I = |I| = \frac{E}{\sqrt{R^2 + (\omega L - \frac{1}{\omega C})^2}}$$

$$위상각 : \theta_Z = \tan^{-1}\frac{\omega L - \frac{1}{\omega C}}{R}\ [^\circ]$$

if) $\omega L = \dfrac{1}{\omega C}$이면,

$$\begin{cases} I = I_r = \dfrac{E}{R} \\ \theta = \tan^{-1}\dfrac{0}{R} = 0 \end{cases}$$ 여기서, I_r은 공진전류(resonance current)

※ E와 I가 동위상이 되어 전류는 최대로 흐름 → 직렬공진

리액턴스 성분이 0이 되어 전압과 전류가 동위상이 되는 상태 또는 임피던스가 최소, 전류가 최대로 되는 상태.

◎ 공진주파수

$$\omega L = \frac{1}{\omega C}$$

$$\omega^2 = \frac{1}{LC}$$

$$\omega_r = \frac{1}{\sqrt{LC}}\ [rad/\text{sec}]$$: 공진각주파수(resonance angular frequency)

$$f = \frac{1}{2\pi\sqrt{LC}}\ [Hz]$$: 공진주파수(resonance frequency)

◎ 직렬공진에서는 $\omega_r L$과 $\dfrac{1}{\omega_r C}$가 아무리 커지더라도

$X = \omega L - \dfrac{1}{\omega C} = 0\ (E_L = E_C)$이 되므로, 공진전류 I_r은 $\dfrac{E}{R}$에만 관계됨.

◎ 실제로 공진회로에서는 회로정수를 변화시켜 공진을 일으키는 경우가 많다. 회로에 인가한 전압주파수(f)를 일정하게 하고 L 또는 C만을 변화시켜 $\omega L = \dfrac{1}{\omega C}$이 되도록 조정하여 공진을 일으킴 → 동조(tuning).

예) 라디오 : 주로 C를 변화

TV : 주로 L을 변화

▶ 예제) $A[kHz]$의 방송국 방송을 청취하고자 할 때 필요한 C의 값을 구하라.

단, $L[H]$로 고정되어 있다. ($\pi^2 = 10$으로 계산할 것)

답)

$$\omega^2 = \frac{1}{LC}$$

$$C = \frac{1}{\omega^2 L} = \frac{1}{(2\pi A)^2 L} = \frac{1}{4\pi^2 A^2 L} = \frac{1}{40A^2 L}\ [\mu F]$$

(2) 병렬공진

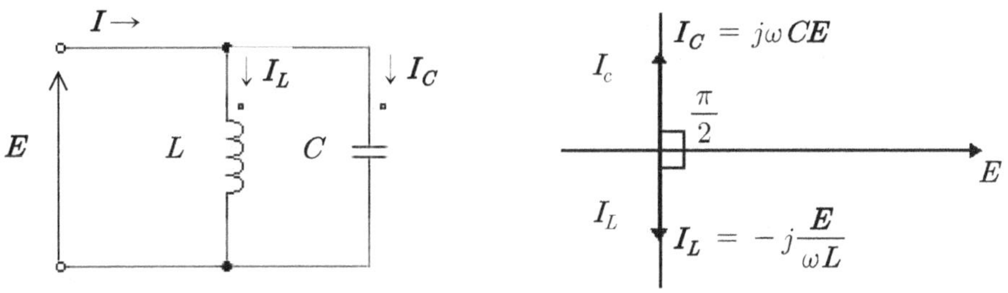

그림 5.14 병렬공진

$$\begin{aligned} \boldsymbol{I} &= \boldsymbol{I}_L + \boldsymbol{I}_C \\ &= \frac{\boldsymbol{E}}{j\omega \boldsymbol{L}} + j\omega \boldsymbol{E} \\ &= j\left(\omega C - \frac{1}{\omega L}\right)\boldsymbol{E} = \boldsymbol{YE} \end{aligned}$$

$$I = |\boldsymbol{I}| = \sqrt{\left(\omega C - \frac{1}{\omega L}\right)^2}\ |\boldsymbol{E}|$$

if) $\omega L = \frac{1}{\omega C}$이 되면, $\boldsymbol{Y} = 0$, $I = 0$으로 됨.

그림 5.14 (b)에서와 같이 $\boldsymbol{I}_L$과 $\boldsymbol{I}_C$는 절대값이 같고 위상이 정 반대이므로 서로 상쇄되어 합성임피던스는 무한대로 된다 ($\because \boldsymbol{Y} = \frac{1}{\boldsymbol{Z}}$). 따라서 전 전류가 0으로 되는데 이 현상을 병렬공진(parallel resonance) 또는 전류공진이라 함.

※ 직렬공진을 간단히 공진이라고 하는데 반해, 병렬공진을 반공진(antiresonance)이라고 함.

※ 병렬공진도 직렬공진과 마찬가지로, $\omega L = \frac{1}{\omega C}$에서 발생하므로, $f_r = \frac{1}{2\pi\sqrt{LC}}$ $[Hz]$가 공진주파수로 됨.

[직렬공진(series resonance)에 관한 예제]

※ 합성리액턴스 성분이 0이 되어 전압과 전류가 동위상이 되는 상태로서 임피던스는 최소, 전류는 최대임.

▶ 예제) 다음 회로의 공진주파수를 구하고 공진 시 각 소자에 걸리는 전압과 이때의 전류값을 구하라.

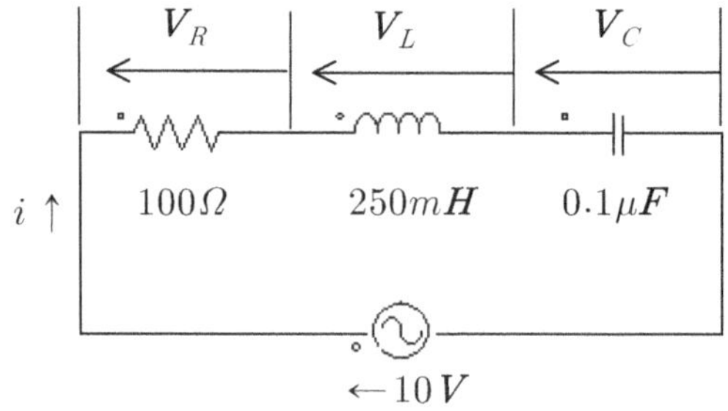

답)

① 공진주파수

$$f_r = \frac{1}{2\pi\sqrt{LC}} \text{ 이므로,}$$

$$= \frac{1}{2\pi\sqrt{250\times10^{-3}\times0.1\times10^{-6}}} = 1000\ [Hz]$$

② 흐르게 될 전류 I는 공진 시에는 R만의 회로(L과 C의 영향은 상호 상쇄됨.)

즉, $\omega L = \dfrac{1}{\omega C}$로 되어 $X = 0$이 되므로,

$$I = \frac{V}{R} = \frac{10}{100} = 0.1\ [A]$$

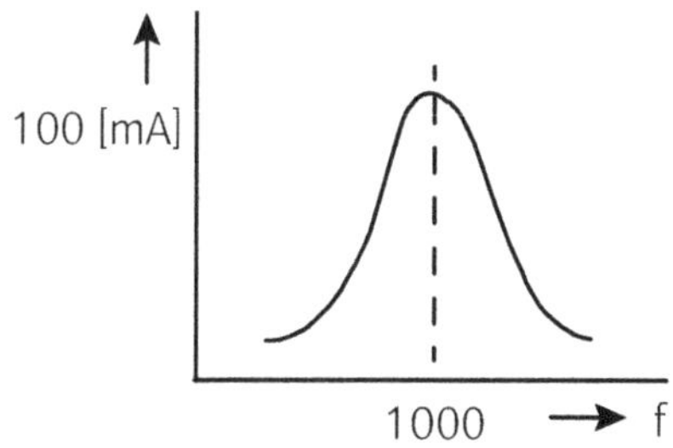

〈참고〉

각 소자에서의 전압강하

① 저항 : $V_R = RI = 100\times0.1 = 10[V]$

② 커패시터 :

$$V_C = X_C I = \frac{1}{\omega C}I = \frac{1}{2\pi f C}I = \frac{1}{2\pi\times10^3\times0.1\times10^{-6}}\times0.1 = 158[V]$$

③ 인덕터 :

$$V_L = X_L I = \omega L I = 2\pi f L I = 2\pi\times10^3\times250\times10^{-3}\times0.1 = 158[V]$$

Ⅰ-6 교류전력과 임피던스 회로

1.6.1 교류회로의 전력과 역율

- 4가지 표현법(순시, 유효〈평균〉, 피상, 무효)
- 복소전력은 유효, 피상, 무효전력을 모두 포함

(1) 순시전력(instantaneous power)

: 교류전압 $e\,[V]$를 가했을 때 흐르는 전류 $i\,[A]$로 가정.

put : $e = E_m \sin\omega t \quad [V]$

$i = I_m \sin(\omega t - \theta) \quad [A]$

$$\begin{aligned} P &= e\,i \\ &= E_m I_m \sin\omega t \cdot \sin(\omega t - \theta) \\ &= \frac{E_m I_m}{2}\{\cos\theta - \cos(2\omega t - \theta)\} \\ &= \frac{\sqrt{2}E\sqrt{2}I}{2}\{\cos\theta - \cos(2\omega t - \theta)\} \\ &= EI\{\cos\theta - \cos(2\omega t - \theta)\} \end{aligned}$$

※ θ는 E와 I사이의 위상차임.

(2) 평균전력(average power) → 유효전력(real power)

: 1주기 동안의 순시전력의 평균값

$$P = \frac{1}{T}\int_0^T e\, i\; dt \;=\; \frac{1}{T}\int_0^T EI\{\cos\theta - \cos(2\omega t - \theta)\}\, dt$$
$$= \frac{EI}{T}\left[\int_0^T \cos\theta\; dt - \int_0^T \cos(2\omega t - \theta)\; dt\right]$$
$$= \frac{EI}{T} \cos\theta\, t \Big|_0^T = EI\cos\theta \quad [W]$$
$$= I^2 Z\cos\theta = \frac{E^2}{Z}\cos\theta \quad [W]$$

※ θ는 E와 I 사이의 위상차이고, T는 주기(period).

① R만의 회로인 경우

$\theta = 0$이므로 $P = EI$ (최대값)

② L or C만의 회로인 경우

$\theta = \pm\frac{\pi}{2}$, $\cos\theta = 0$으로 되어 $P = 0$이 됨.

: 회로에서 소비되는 전력은 없음 → 에너지 저장소자

※ 결과적으로 $\cos\theta$의 값에 따라 유효전력이 크게 변화함을 알 수 있음.

여기서, $\cos\theta$는 역율(力率 ; power factor)이라고 함.

$$p.f = \cos\theta = \frac{P}{EI} = \frac{\text{유효전력}}{\text{피상전력}}$$

$0 \leqq \cos\theta \leqq 1$ (0 : 순수 유도성 및 용량성, 1 : 저항성)

◎ 역률

- 1에 가까울수록 : 교류소스에서 부하로의 효과적인 에너지 전달
- 0에 가까울수록 : 에너지의 비효율적인 사용

: 부하에 적절한 리액턴스 성분을 보상하여 역률 개선이 가능함.

◎ 역률 보정(power factor correction)

대부분의 경우 유도성 부하의 역률 개선이 필요시 됨 : 산업현장에서 유도모터 등의 유도성 부하가 많기 때문 → 부하에 병렬로 커패시터스를 추가함으로써 개선.

Q1 : 역률이 80%인 50[kVA]의 부하가 있다. 이것에 병렬로 C[F]의 커패시더를 접속하여 합성 역률을 100%로 하려고 한다. C의 값은 얼마로 하면 되는가? 단, 전압은 10,000[V], 50[Hz]라 한다.

(3) 피상전력(apparent power)

$$P_a = EI = ZII = ZI^2 \quad [VA]$$

여기서, E와 I는 실효값이며 VA는 Volt Ampere를 나타냄.

※ 변압기, 전동기 등이 몇[V]의 전압 하에서 몇[A]의 전류를 흘릴 수 있는가를 예측하는 데 사용. 즉, 교류기기 및 교류전원의 용량을 표현하는 데 널리 사용됨.

(4) 무효전력(reactive power)

$$P_r = EI\sin\theta \quad [var]$$; volt ampere reactive

※ 피상전력, 유효전력(교류전력) 및 무효전력과의 관계

$$\text{피상전력} = \sqrt{(\text{유효전력})^2 + (\text{무효전력})^2}$$

$$EI = \sqrt{(EI\cos\theta)^2 + (EI\sin\theta)^2}$$

Q1 : 어떤 부하에 교류전압 100[V]를 인가했더니 12[A]의 전류가 흘렀다.

① 이 회로의 피상전력은

$$P_a = 100 \times 12 = 1200 \ [VA] = 1.2 \ [KVA]$$

② 이 부하의 소비전력을 측정했더니 960[W]였다. 이 부하의 역률은?

$$p.f = \cos\theta = \frac{P}{EI} = \frac{960}{1200} \times 100 = 80\ [\%]$$

③ 무효전력은?

$$P_a^2 = P^2 + P_r^2$$
$$P_r^2 = P_a^2 - P^2$$
$$\therefore P_r = \sqrt{(1200)^2 - (960)^2} = 720\ [W]$$

※ 교류회로의 역률 계산

1) 직렬회로인 경우

$$p.f = \cos\theta = \frac{R_e[\boldsymbol{Z}]}{|\boldsymbol{Z}|}$$
$$\cos\theta = \frac{P}{EI} = \frac{I^2R}{EI} = \frac{R}{Z} = \frac{R_e[\boldsymbol{Z}]}{|\boldsymbol{Z}|}$$

2) 병렬회로인 경우

$$p.f = \cos\theta = \frac{P}{EI} = \frac{E^2G}{E(YE)} = \frac{G}{Y} = \frac{R_e[\boldsymbol{Y}]}{|\boldsymbol{Y}|}$$

※ 역률의 예

- 전구, 전열기 (L, C를 포함하지 않음) : 1
- 유도전동기 : 0.7 ~ 0.8
- 선풍기 : 0.5 ~ 0.8
- 형광등 : 0.6

[역률계산 예제]

▶ 예제) 그림과 같이 $R = 3[\Omega]$, $X_L = 4[\Omega]$인 직·병렬 회로에서의 회로전류와 역률을 구하라.

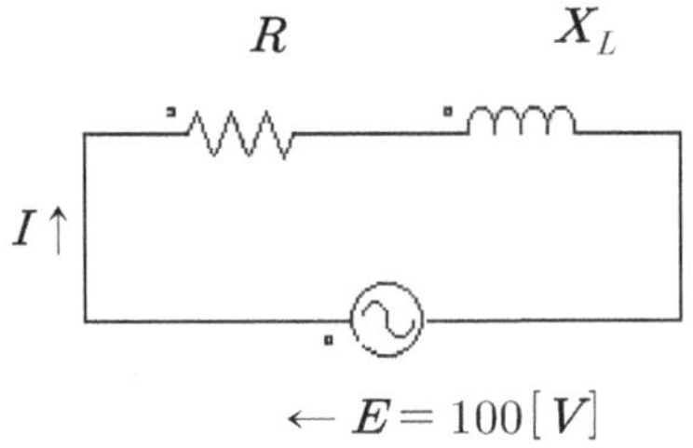

답 1)

$$Z = R + jX$$
$$= 3 + j4 = 5\epsilon^{j\theta_z}[\Omega]$$
$$p.f = \cos\theta = \frac{R_e[Z]}{|Z|} = \frac{3}{5} = 0.6 \ \ (60\%)$$

답 2)

$$I = \frac{E}{Z} = \frac{100}{3 + j4} = 20\epsilon^{-j\theta_z}[A], \quad \theta_z = \tan^{-1}\frac{4}{3} \ (^\circ)$$

$p.f = \cos\theta = \dfrac{P}{EI} = \dfrac{P}{P_a}$를 이용

$$P_a = EI = 20 \times 100 = 2000\ [VA]$$
$$P_a^2 = P^2 + P_r^2$$
$$P_r = I^2 X_L = 400 \times 4 = 1600[var]$$
$$P = \sqrt{P_a^2 + P_r} = \sqrt{2000^2 - 1600^2} = 1200[W]$$

$$\therefore \cos\theta = \frac{1200}{2000} = \frac{3}{5} = 0.6 \ \ (60\%)$$

※ $\cos\theta$의 정체 : 전압과 전류가 이루는 각도(위상차)에 대한 여현 성분.

▶ 예제) 아래 회로의 역률과 소비전력을 구하라.

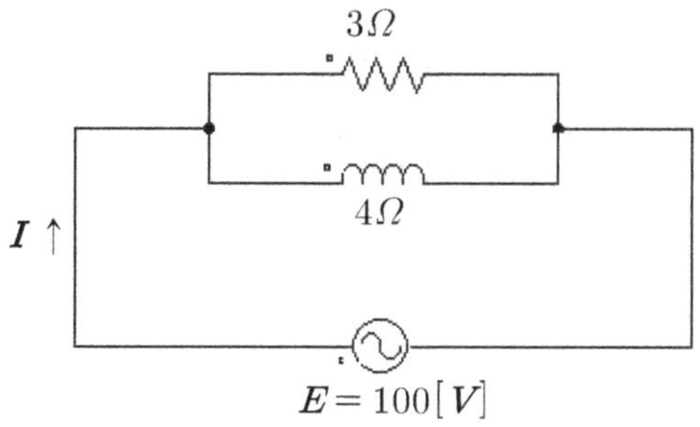

$$I_L = \frac{E}{j\omega L} = \frac{E}{jX_L} = -j\frac{E}{X_L} = -j\frac{100}{4} = -j\,25[A]$$

$$I_R = \frac{E}{R} = \frac{100}{3}[A]$$

$$I = I_R + I_L = \left(\frac{1}{3} - j\frac{1}{4}\right)100[A]$$

$$Y = \frac{1}{3} - j\frac{1}{4}[S]$$

답 1)

$$\cos\theta = \frac{R_e[Y]}{|Y|} = \frac{1/3}{5/12} = \frac{4}{5} = 0.8\ (80\%)$$

답 2)

$$P = EI\cos\theta = 100 \times \frac{500}{12} \times 0.8 = 3{,}333.3[W]$$

(5) 복소전력(complex power, S로 표기)

$S = VI^*$ (* : conjugate complex(공액 복소수))

$$= VI\cos\theta + j\,VI\sin\theta \qquad \because VI\cos\theta = IZ\cos\theta I = I^2R$$
$$= I^2R + j\,I^2X = I^2Z \qquad VI\sin\theta = IZ\sin\theta I = I^2X$$

or

$$S = P_{av} + jQ$$

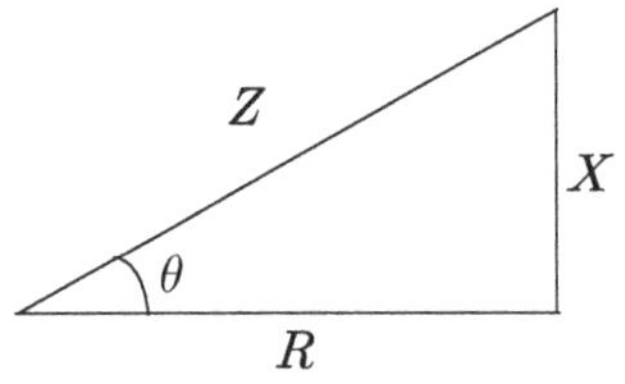

$$R = Z\cos\theta$$
$$X = Z\sin\theta$$

그림 6.1 임피던스 삼각형

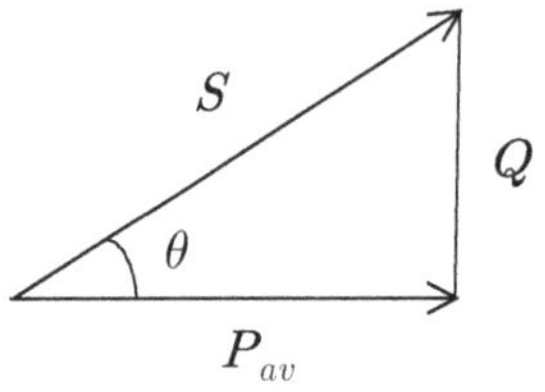

$$|S| = \sqrt{P_{av}^2 + Q^2}$$
$$\begin{cases} P_{av} = |S|\cos\theta = VI\cos\theta \\ Q = |S|\sin\theta = VI\sin\theta \end{cases}$$

그림 6.2 복소전력

◎ 피상전력 : $|\boldsymbol{S}| = VI[VA]$

◎ 유효전력 : $P_{av} = |\boldsymbol{S}|\cos\theta = VI\cos\theta[W]$

◎ 무효전력 : $Q = |\boldsymbol{S}|\sin\theta = VI\sin\theta[var]$

▶ 예제) 다음과 같이 전압 및 전류 파형이 주어질 때, 복소전력을 계산하라.

$$v(t) = 100\sin(\omega t + 15^\circ)[V], \quad i(t) = 2\sin(\omega t - 15^\circ)[A]$$

답)

$$\boldsymbol{V} = \frac{100}{\sqrt{2}}\epsilon^{j15^\circ}[V]$$
$$\boldsymbol{I} = \frac{2}{\sqrt{2}}\epsilon^{j(-15^\circ)}[A]$$
$$\theta = \theta_v - \theta_i[^\circ]$$

$$P_{av} = VI\cos\theta = \frac{100}{\sqrt{2}} \cdot \frac{2}{\sqrt{2}} \times \cos(15^\circ - (-15^\circ)) = 100\cos 30^\circ$$
$$= 100 \times \frac{\sqrt{3}}{2} = 50\sqrt{3}\ [W]$$
$$Q = 100\sin 30^\circ = 50[var]$$
$$\boldsymbol{S} = \boldsymbol{V}\boldsymbol{I}^* = P_{av} + jQ = \left(\frac{100}{\sqrt{2}}\epsilon^{j15^\circ}\right)\left(\frac{2}{\sqrt{2}}\epsilon^{-j15^\circ}\right)^* = 100\,\epsilon^{j30^\circ}$$
$$= 86.6 + j50$$

1.6.2 임피던스 회로

(1) 임피던스 직렬회로

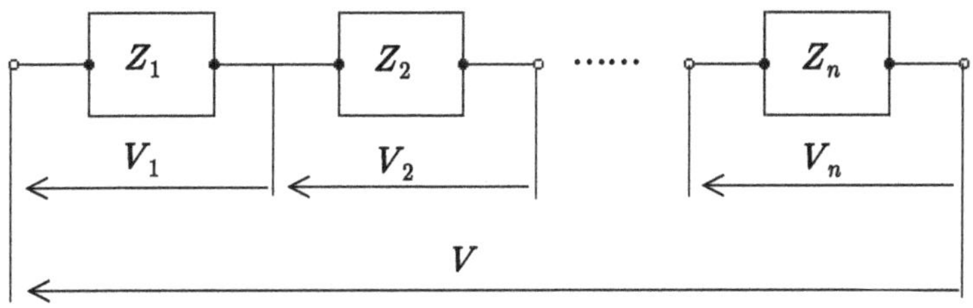

그림 6.3 임피던스 직렬회로

◎ $V = V_1 + V_2 + \cdots + V_n$

$$V_1 = Z_1 I,\ V_2 = Z_2 I,\ \cdots\ V_n = Z_n I$$

$$= (Z_1 + Z_2 + \cdots + Z_n) I$$

$$= \sum_{i=1}^{n} Z_i I$$

◎ 합성 임피던스 $Z = \sum_{i=1}^{n} Z_i$

(2) 임피던스 병렬회로

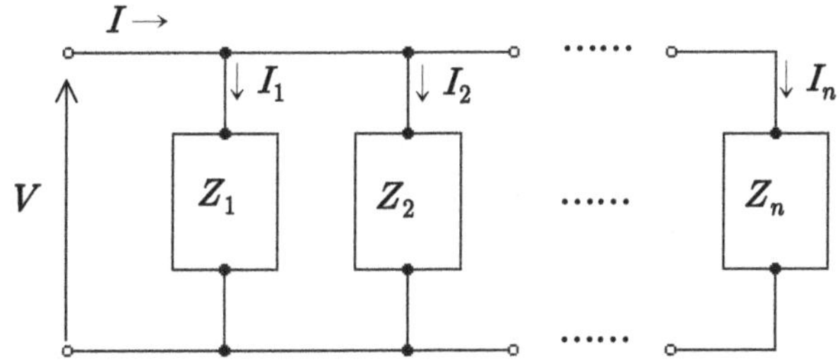

그림 6.4 임피던스 병렬회로

◎ $I = I_1 + I_2 + \cdots + I_n$

$$\begin{aligned} & I_1 = Y_1 V,\ I_2 = Y_2 V,\ \cdots\ I_n = Y_n V \\ &= (Y_1 + Y_2 + \cdots + Y_n) V \\ &= \sum_{i=1}^{n} Y_i V \end{aligned}$$

◎ 합성 admittance $Y = \sum_{i=1}^{n} Y_i$

※ 임피던스 회로에서도 직렬회로에 대한 전압분배칙, 병렬회로에 대한 전류분배칙이 저항회로와 동일하게 적용됨.

◎ 전압분배칙의 예

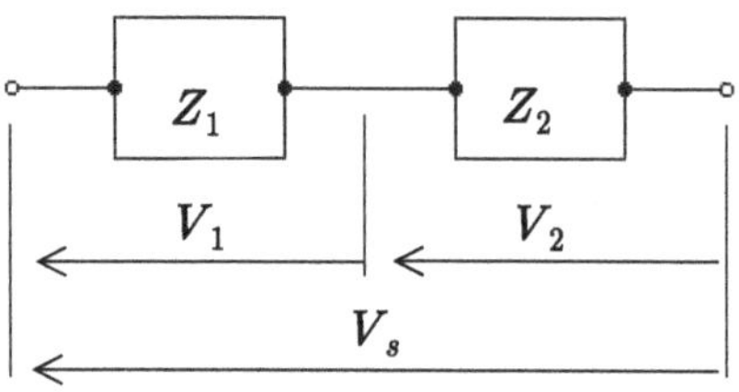

$$\left(\because V_1 = Z_1 I \quad I = \frac{V_s}{Z} = \frac{V_s}{Z_1 + Z_2} \quad \therefore V_1 = \frac{Z_1}{Z_1 + Z_2} V_s \right)$$

$$V_1 = \frac{Z_1}{Z_1 + Z_2} V_s, \quad V_2 = \frac{Z_2}{Z_1 + Z_2} V_s$$

◎ 전류분배칙의 예

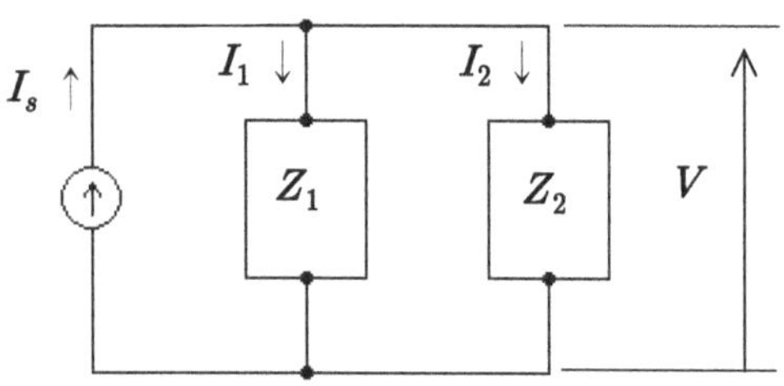

$$\left(\because I_1 = \frac{V_1}{Z_1} = \frac{Z_{eq} I_s}{Z_1} = \frac{1/Z_1}{1/Z_{eq}} I_s = \frac{1/Z_1}{1/Z_1 + 1/Z_2} I_s = \frac{Y_1}{Y_1 + Y_2} I_s \right)$$

$$I_1 = \frac{Y_1}{Y_1 + Y_2} I_s$$

$$I_2 = \frac{Y_2}{Y_1 + Y_2} I_s$$

(3) 임피던스의 직·병렬 혼합회로

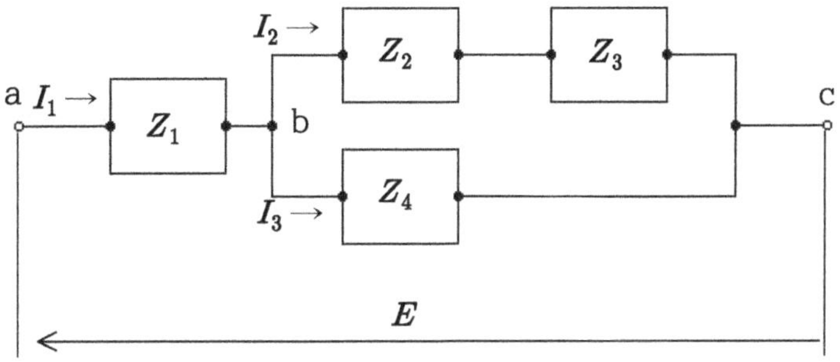

그림 6.5 임피던스 직·병렬회로

※ 저항의 합성법과 동일.

◎ 1단계 : bc 사이의 임피던스

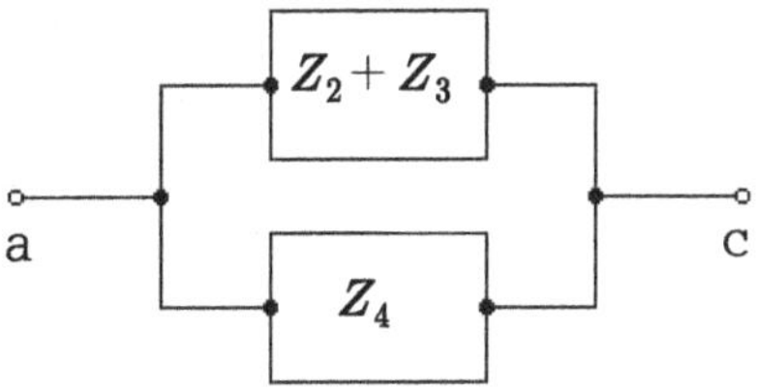

$$\frac{1}{Z_{bc}} = \frac{1}{Z_2 + Z_3} + \frac{1}{Z_4} = \frac{Z_4 + (Z_2 + Z_3)}{Z_4(Z_2 + Z_3)}$$

$$\therefore Z_{bc} = \frac{Z_4(Z_2 + Z_3)}{Z_4 + (Z_2 + Z_3)}$$

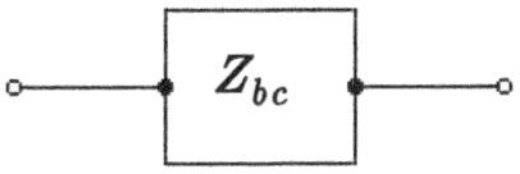

◎ 2단계 : ac 사이의 합성 임피던스

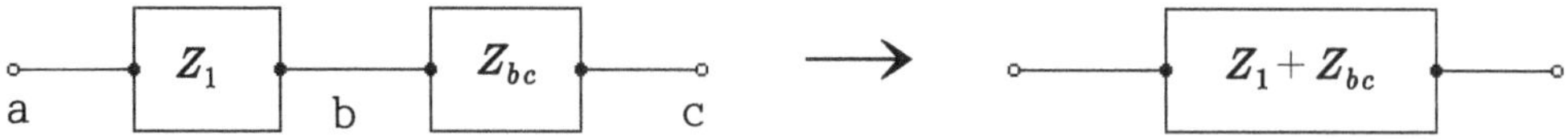

$$Z_{eq} = Z_1 + Z_{bc} = \frac{Z_1(Z_2+Z_3+Z_4) + Z_4(Z_2+Z_3)}{Z_2+Z_3+Z_4}$$

◎ 전전류 I_1

$$I_1 = \frac{E}{Z_{eq}}$$

◎ 전전류 I의 지로에서의 분배는 전류분배칙에 의해

$$I_2 = \frac{Y_1}{Y_1+Y_2} \times I_1 = \frac{\frac{1}{Z_2+Z_3}}{\frac{1}{Z_2+Z_3}+\frac{1}{Z_4}} I_1 = \frac{\frac{1}{Z_2+Z_3}}{\frac{Z_2+Z_3+Z_4}{Z_4(Z_2+Z_3)}} I_1 = \frac{Z_4}{Z_2+Z_3+Z_4} I_1$$

$$I_3 = \frac{Y_2}{Y_1+Y_2} \times I_1 = \frac{\frac{1}{Z_4}}{\frac{Z_2+Z_3+Z_4}{Z_4(Z_2+Z_3)}} I_1 = \frac{Z_2+Z_3}{Z_2+Z_3+Z_4} I_1$$

1.6.3 변압기(transformer)

두 개의 회로를 도선이 아닌 자기적(magnetically)으로 연결한 장치(Faraday 법칙 이용)

(1) 이상 변압기(ideal trnasformer)

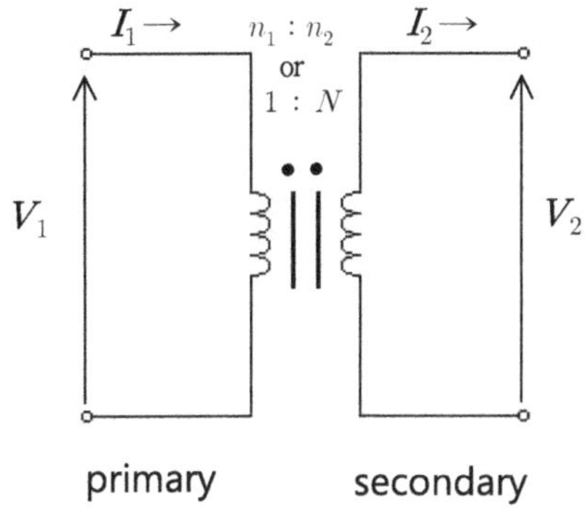

●(점)은 coil의 극성에 관계
점(●)으로 표시된 단자들은 같은 극성임.

그림 6.6 이상 변압기

◎ 1차 coil(primary coil) : 입력측 coil

◎ 2차 coil(secondary coil) : 출력측 coil

◎ 권수비(turns ratio) : N

$$N = \frac{n_2}{n_1}$$

여기서, n_1 : 1차 coil의 감은 횟수

n_2 : 2차 coil의 감은 횟수

- 전압과 전류 변환 특성

$$V_2 = NV_1$$
$$I_2 = \frac{I_1}{N}$$

「이상 변압기는 정현파 입력 전압에 인자 N을 곱하고, 정현파 입력 전류를 인자 N으로 나눈다.」

if, $N > 1$; $n_2 > n_1 \rightarrow V_2 > V_1,\ I_2 < I_1$ 승압변압기(step-up transformer)

$N < 1$; $n_2 < n_1 \rightarrow V_2 < V_1,\ I_2 > I_1$ 강압변압기(step-down transformer)

$N = 1$; $n_2 = n_1 \rightarrow V_2 = V_1,\ I_2 = I_1$ 절연변압기(isolation transformer)

- 전력보존 특성

$$\boldsymbol{S_1} = V_1 I_1^* = \frac{V_2}{N} \cdot dI_2^* N = V_2 I_2^* = \boldsymbol{S_2}$$

「1차 측의 전력은 2차 측의 전력과 동일하다.」

- 센터 탭 변압기(center-tapped transformer)

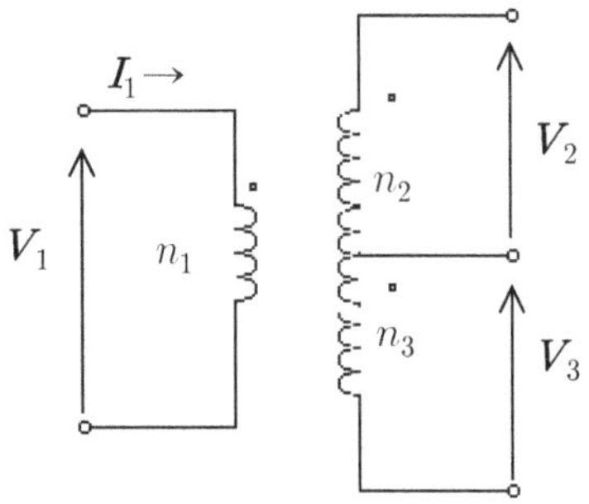

$$V_2 = \frac{n_2}{n_1} V_1$$

$$V_3 = \frac{n_3}{n_1} V_1$$

그림 6.7 센터 탭 변압기

「2차 전압의 원래 진폭의 반인 두 개의 동일한 전압으로 나누어짐.」

(예) 240 V AC → 두 개의 120 V AC로 분할

I-7 3상 교류회로

1.7.1 3상교류 기전력과 결선

- 단상교류 (single-phase AC) : 현재까지 학습, 단일의 정현파 소스
- 3상교류 (three-phase AC) : 오늘날 사용되는 대부분의 교류

(1) 3상교류 사용 이유

① 효율 (efficiency)이 좋다 : 같은 양의 전력을 전달함에 있어 단상에 비해 도체 및 요소의 무게가 가볍다.

② 안정되고 일정한 전력을 공급 : 단상시스템의 전력은 맥동성

③ 유도기 등의 전기기기 구동에 적합한 회전자계 발생

(2) 3상교류의 발생

1) 단상 교류 : 자계 내에 1개의 coil을 회전 → 정현파의 단상교류 생성

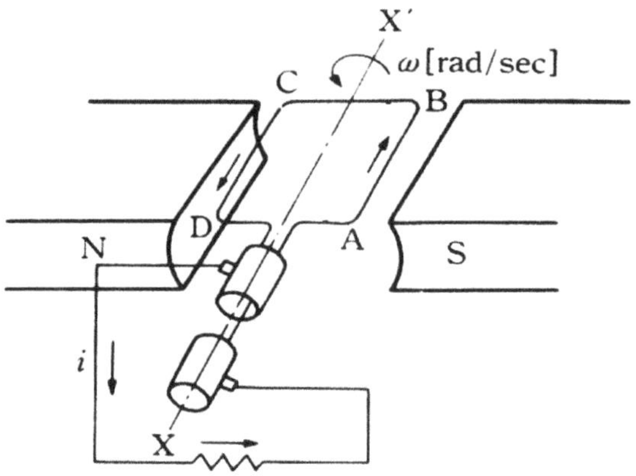

그림 7.1 단상 교류회로

2) 3상교류 : 자계 내에 A, B, C의 동일한 3개의 단상 coil을 120° 간격으로 배치

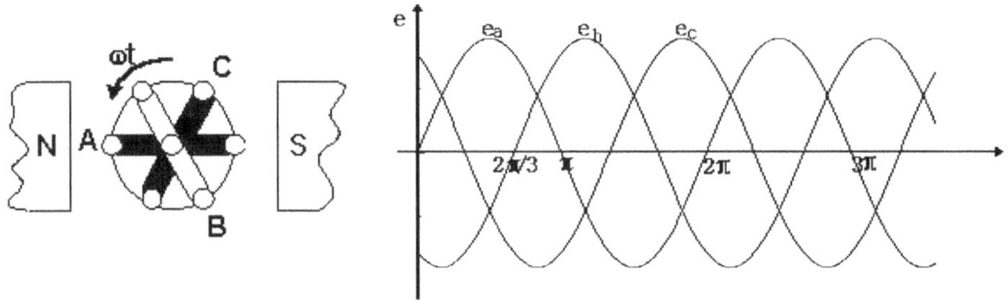

그림 7.2 3상 교류회로

※ A, B, C의 코일을 A상 coil, B상 coil, C상 coil이라 하며, A, B 및 C상 전압으로 부른다.

3) 3상교류의 표시법

① 순시값 표현

$$e_a = E_m \sin wt$$
$$e_b = E_m \sin(wt - 2\pi/3)$$
$$e_c = E_m \sin(wt - 4\pi/3)$$

② 벡터 표현 (극좌표 형식)

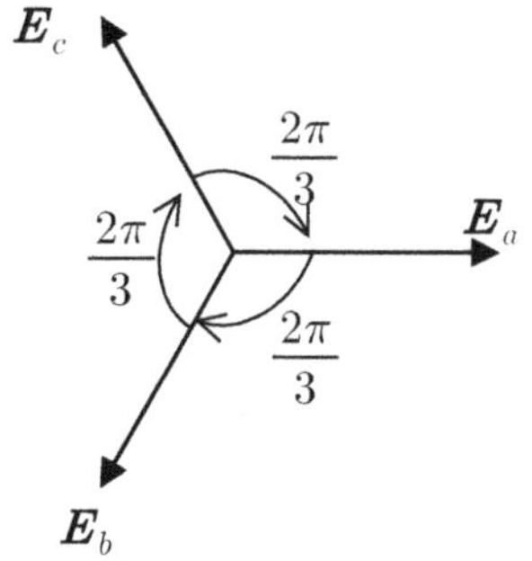

그림 7.3 3상교류의 위상

$$E_a = E\angle 0$$
$$E_b = E\angle -120° = E\angle -\frac{2\pi}{3}$$
$$E_c = E\angle -240° = E\angle -\frac{4\pi}{3}$$

③ 복소수 표현

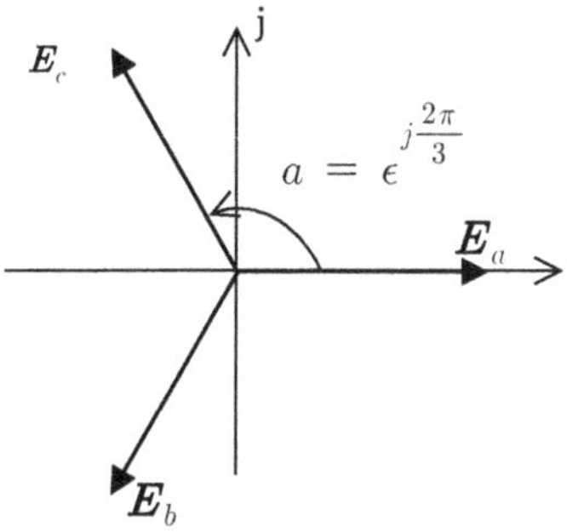

그림 7.4 3상교류의 복소수 표현

$$E_a = E$$
$$E_b = E_a\epsilon^{j(-\frac{2\pi}{3})} = E\epsilon^{j(-\frac{2\pi}{3})} = E\epsilon^{j(\frac{4\pi}{3})} = a^2E$$
$$E_c = E_a\epsilon^{j(-\frac{4\pi}{3})} = E\epsilon^{j(-\frac{4\pi}{3})} = E\epsilon^{j(\frac{2\pi}{3})} = aE$$

4) 3상교류의 성질

① $e_a + e_b + e_c = 0$

$E_a + E_b + E_c = 0 \qquad (\because \ 1 + a + a^2 = 0)$

② 평형3상 : 크기가 같고 위상이 $2\pi/3$ 다른 교류

※ 3상교류의 송전과 단상교류와의 관계

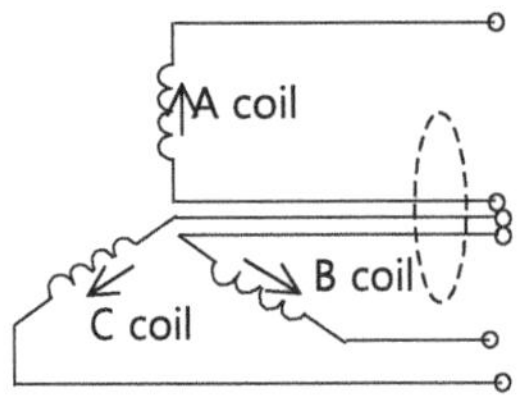

(a)

- $2\pi/3$ 위상차를 갖는 3상교류를 송전할 경우 단상이 2선이므로 3상은 단상이 3개 있는 6선을 이용해 송전해야 한다.

- 점선으로 둘러싸인 3선이 합해질 경우 $\boldsymbol{E}_a + \boldsymbol{E}_b + \boldsymbol{E}_c = 0$이므로 전류도 0이 된다. 결국 이 3선은 하나로 연결해도 된다는 결론에 도달한다.

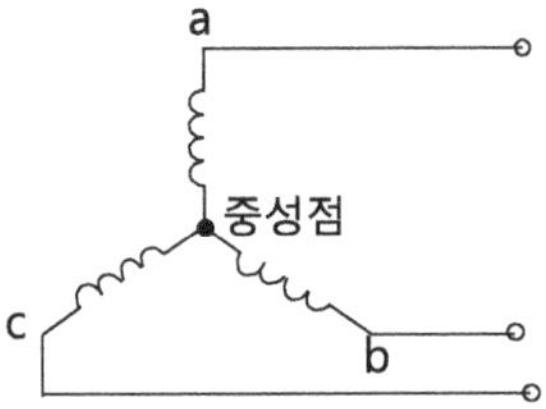

(b)

- 결국 (a)는 (b)와 같이 3상 3선식 송전이 가능하므로 단상 3개 분량을 3선만으로 보낼 수 있다는 장점이 있어 송전 시 전선의 절약 및 전선에서의 전력손실 감소 등으로 효율(efficiency)이 좋은 송전, 배전이 가능한 특징을 가지고 있으므로 송, 배전에 3상교류가 이용됨.

(3) 3상 결선 방식과 그 특징

1) 결선 방식 (2종류)

① Y 결선(Y-connection) ; 성형결선, star결선

- 동일 극성을 한점에 묶어 성형 모양으로 결선한 방식.
- 각 상을 한데 묶은 영점을 중성점이라 하며 각 상의 외부단자를 전원단자로 사용.

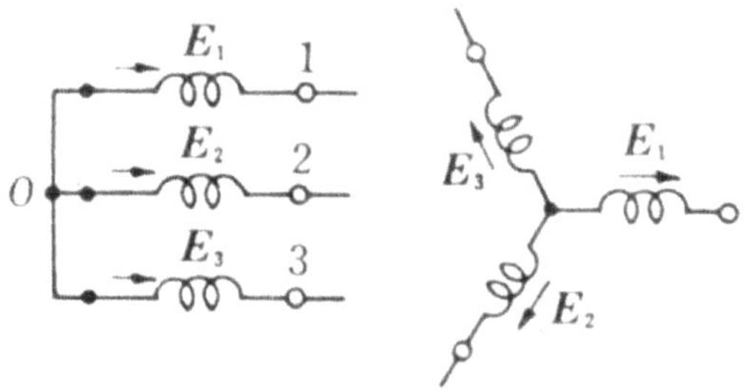

그림 7.5 3상 결선 방식 Y 결선

② △ 결선(△-connection) ; 환상결선, 삼각결선

• 각 상의 극성이 다른 단자끼리 직렬로 접속하여 환상 모양으로 연결한 방식.

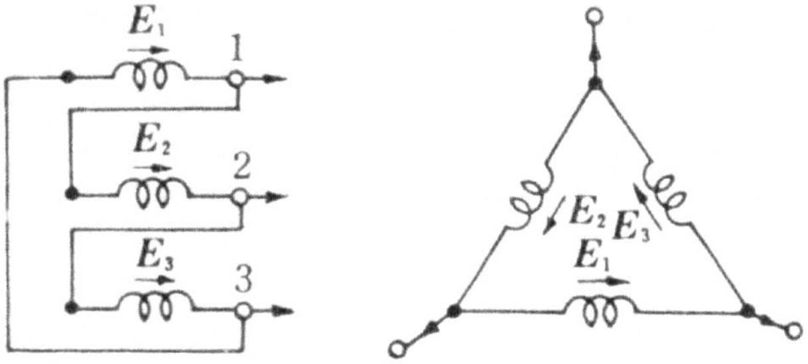

그림 7.6 3상 결선 방식 △ 결선

2) 상전압(선전압), 상전류(선전류)

① 상전압 : 각상의 전압 → 상 기전력

상전류 : 각상에 흐르는 전류

② 선전압 : 전원단자에서 부하단자로 연결한 선 간에 발생되는 전압 (line voltage)

선전류 : 전원단자에서 부하단자로 연결한 선로에 흐르는 전류 (line current)

3) 결선 방식에 따른 특징

① Y 결선

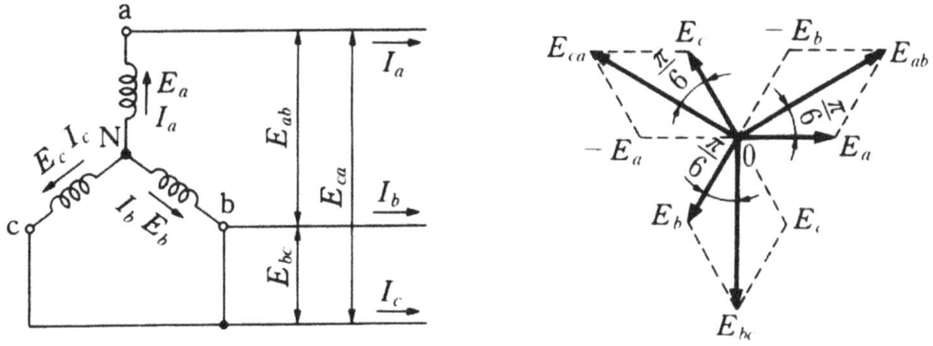

그림 7.7 Y 결선(Y-connection)

- 특징1 : 상전류 = 선전류
- 특징2 : 선간전압($\boldsymbol{E_{ab}}$, $\boldsymbol{E_{bc}}$, $\boldsymbol{E_{ca}}$)은 상전압($\boldsymbol{E_a}$, $\boldsymbol{E_b}$, $\boldsymbol{E_c}$)보다 크기가 $\sqrt{3}$배 크고 위상이 $\pi/6$ 빠르다.

(증명)

$$\boldsymbol{E}_{ab} = \boldsymbol{E}_a - \boldsymbol{E}_b = \boldsymbol{E}_a - a^2\boldsymbol{E}_a = (1-a^2)\boldsymbol{E}_a$$
$$\boldsymbol{E}_{bc} = \boldsymbol{E}_b - \boldsymbol{E}_c = \boldsymbol{E}_b - a^2\boldsymbol{E}_b = (1-a^2)\boldsymbol{E}_b$$
$$\boldsymbol{E}_{ca} = \boldsymbol{E}_c - \boldsymbol{E}_a = \boldsymbol{E}_c - a^2\boldsymbol{E}_c = (1-a^2)\boldsymbol{E}_c$$

그런데,

$$1-a^2 = 1-(\cos\frac{2\pi}{3}+j\sin\frac{4\pi}{3}) = 1-(-\frac{1}{2}-j\frac{\sqrt{3}}{2}) = \sqrt{3}(\frac{\sqrt{3}}{2}+j\frac{1}{2})$$
$$= \sqrt{3}(\cos\frac{\pi}{6}+j\sin\frac{\pi}{6}) = \sqrt{3}\,\epsilon^{j\frac{\pi}{6}}$$

$$\boldsymbol{E}_{ab} = \sqrt{3}\boldsymbol{E}_a\epsilon^{j\frac{\pi}{6}}$$
$$\boldsymbol{E}_{bc} = \sqrt{3}\boldsymbol{E}_b\epsilon^{j\frac{\pi}{6}} = \sqrt{3}\boldsymbol{E}_a\epsilon^{j(\frac{\pi}{6}-\frac{2\pi}{3})} = \sqrt{3}\boldsymbol{E}_a\angle(-\frac{2\pi}{3}+\frac{\pi}{6})$$
$$\boldsymbol{E}_{ca} = \sqrt{3}\boldsymbol{E}_c\epsilon^{j\frac{\pi}{6}} = \sqrt{3}\boldsymbol{E}_a\epsilon^{j(\frac{\pi}{6}-\frac{4\pi}{3})} = \sqrt{3}\boldsymbol{E}_a\angle(-\frac{4\pi}{3}+\frac{\pi}{6})$$

- 특징3 : Y 결선 선간전압은 △ 결선의 상전압에 해당됨

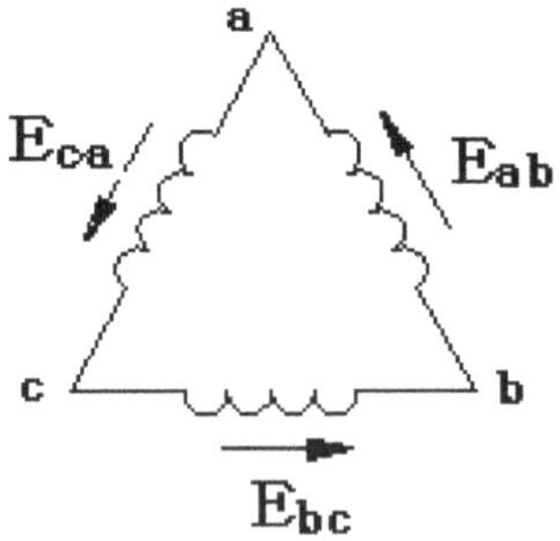

② △ 결선

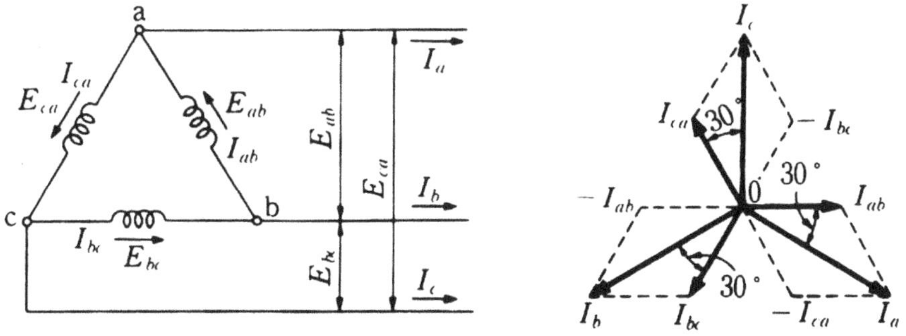

그림 7.8 △ 결선(△-connection)

- 특징1 : 상전압 = 선전압

- 특징2 : 선간전류는 상전류보다 크기가 $\sqrt{3}$ 배 크고 위상이 $\pi/6$ 늦다.

(증명)

$$\begin{aligned} \boldsymbol{I}_{\ell a} &= \boldsymbol{I_a} = \boldsymbol{I}_{ab} - \boldsymbol{I}_{ca} = (1-a)\boldsymbol{I}_{ab} \\ \boldsymbol{I}_{\ell b} &= \boldsymbol{I_b} = \boldsymbol{I}_{bc} - \boldsymbol{I}_{ab} = (1-a)\boldsymbol{I}_{bc} \\ \boldsymbol{I}_{\ell c} &= \boldsymbol{I_c} = \boldsymbol{I}_{ca} - \boldsymbol{I}_{bc} = (1-a)\boldsymbol{I}_{ca} \end{aligned}$$

그런데,

$$1-a = 1-\epsilon^{j\frac{2\pi}{3}} = 1-\frac{-1+j\sqrt{3}}{2} = \frac{3-j\sqrt{3}}{2} = \sqrt{3}\left(\frac{\sqrt{3}}{2}-j\frac{1}{2}\right)$$
$$= \sqrt{3}\left(\cos\frac{\pi}{6}-j\sin\frac{\pi}{6}\right) = \sqrt{3}\ \epsilon^{-j\frac{\pi}{6}}$$

$$\boldsymbol{I}_a = \sqrt{3}\boldsymbol{I}_{ab}\epsilon^{-j\frac{\pi}{6}} = \sqrt{3}\boldsymbol{I}_{ab}\angle\left(-\frac{\pi}{6}\right)$$

$$\boldsymbol{I}_b = \sqrt{3}\boldsymbol{I}_{bc}\epsilon^{-j\frac{\pi}{6}} = \sqrt{3}\boldsymbol{I}_{bc}\angle\left(-\frac{\pi}{6}\right) = \sqrt{3}\boldsymbol{I}_{ab}\angle\left(-\frac{\pi}{6}-\frac{2\pi}{3}\right)$$

$$\boldsymbol{I}_c = \sqrt{3}\boldsymbol{I}_{ca}\epsilon^{-j\frac{\pi}{6}} = \sqrt{3}\boldsymbol{I}_{ca}\angle\left(-\frac{\pi}{6}\right) = \sqrt{3}\boldsymbol{I}_{ab}\angle\left(-\frac{\pi}{6}-\frac{4\pi}{3}\right)$$

4) 3상 교류의 Y 결선과 Δ 결선의 관계

① 전원과 부하가 Y 결선인 회로(Y-Y 회로)

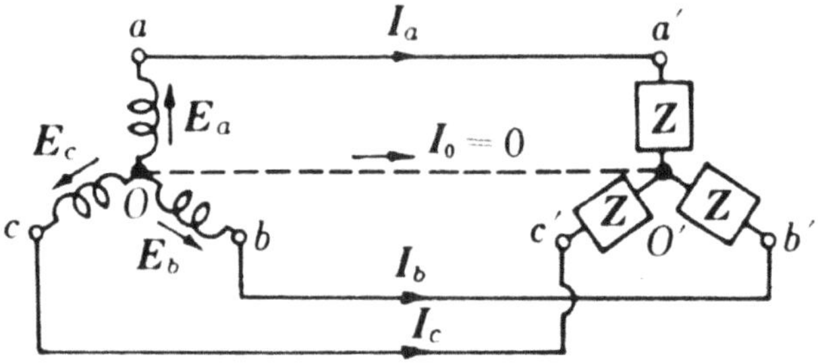

(a) Y-Y 결선

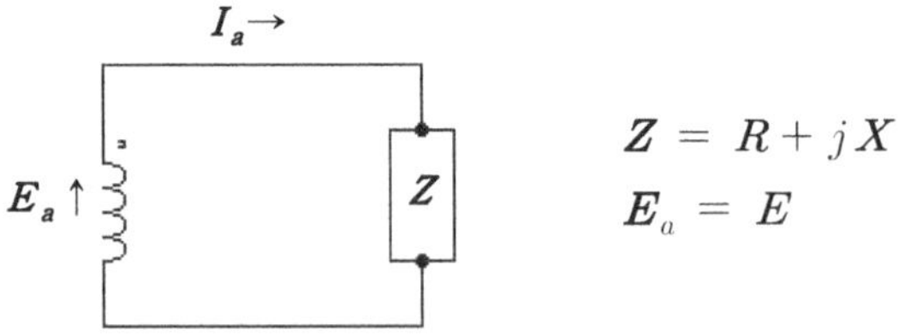

(b) 단상 등가회로

그림 7.9 전원과 부하가 Y 결선인 회로(Y-Y connection)

$$I_a = \frac{E_a}{Z} = \frac{E}{Z\epsilon^{j\theta_Z}} = \frac{E}{Z}\epsilon^{-j\theta_Z} = \frac{E}{Z}\angle -\theta_Z$$

$$I_b = \frac{E_b}{Z} = \frac{E_a\epsilon^{-j\frac{2\pi}{3}}}{Z\epsilon^{j\theta_Z}} = \frac{E}{Z}\epsilon^{-j\left(\frac{2\pi}{3}+\theta_Z\right)} = \frac{E}{Z}\angle\left(-\theta_Z - \frac{2\pi}{3}\right)$$

$$I_c = \frac{E_c}{Z} = \frac{E_a\epsilon^{-j\frac{4\pi}{3}}}{Z\epsilon^{j\theta_Z}} = \frac{E}{Z}\epsilon^{-j\left(\frac{4\pi}{3}+\theta_Z\right)} = \frac{E}{Z}\angle\left(-\theta_Z - \frac{4\pi}{3}\right)$$

단, $\theta_Z = \tan^{-1}\dfrac{X}{R}$ (°) 이고, 이를 radian으로 환산하여 동일 차원 단위로 표시.

② 전원과 부하가 Y-Δ 결선인 경우 (Y-Δ 회로)

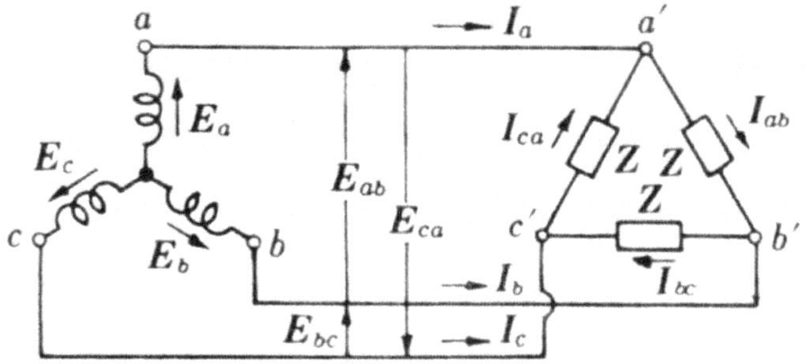

그림 7.10 전원과 부하가 Y-△ 결선인 회로(Y-△ connection)

$$I_{ab} = \frac{E_{ab}}{Z} = \frac{\sqrt{3}E_a \epsilon^{j\frac{\pi}{6}}}{Z}$$

$$I_{bc} = \frac{E_{bc}}{Z} = \frac{\sqrt{3}E_b \epsilon^{j\frac{\pi}{6}}}{Z}$$

$$I_{ca} = \frac{E_{ca}}{Z} = \frac{\sqrt{3}E_c \epsilon^{j\frac{\pi}{6}}}{Z}$$

그런데, 선전류 I_a, I_b, I_c는 $\sqrt{3}I_{ab}\epsilon^{-j\frac{\pi}{6}}$의 관계가 있으므로

$$I_a = \sqrt{3}I_{ab}\epsilon^{-j\frac{\pi}{6}} = \sqrt{3}\cdot\frac{\sqrt{3}E_a}{Z} = \frac{E_a}{Z/3}$$

$$I_b = \sqrt{3}I_{bc}\epsilon^{-j\frac{\pi}{6}} = \sqrt{3}\cdot\frac{\sqrt{3}E_b}{Z} = \frac{E_b}{Z/3}$$

$$I_c = \sqrt{3}I_{ca}\epsilon^{-j\frac{\pi}{6}} = \sqrt{3}\cdot\frac{\sqrt{3}E_c}{Z} = \frac{E_c}{Z/3}$$

이상의 결과로부터 Y-Δ 결선회로는 Δ측 부하를 다음과 같은 등가 Y 회로로 변환 가능하다.

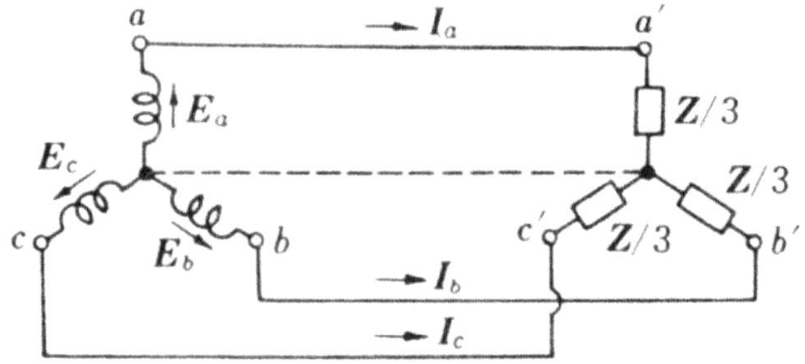

1.7.2 3상교류 전력

- Y, Δ 결선에서 상전압 $\boldsymbol{E_a}$, $\boldsymbol{E_b}$, $\boldsymbol{E_c}$, 상전류 $\boldsymbol{I_a}$, $\boldsymbol{I_b}$, $\boldsymbol{I_c}$, 그리고 상전압과 상전류의 위상차를 각각 θ_a, θ_b, θ_c로 정의한다.
- 3상 평형회로를 가정함
- 전력

  $$P = E_a I_a \cos\theta_a + E_b I_b \cos\theta_b + E_c I_c \cos\theta_c$$

- 3상 평형회로에서는

  $E_a = E_b = E_c = E_p$, $I_a = I_b = I_c = I_p$, $\theta_a = \theta_b = \theta_c = \theta$이므로

  $$P = 3\, E_p I_p \cos\theta$$

- 실제로 전압계 및 전류계로 측정하기 쉬운 값은 선전압 E_l과 선전류 I_l이므로

  평형 Y회로 : $\begin{cases} E_l = \sqrt{3}\, E_p \\ I_l = I_p \end{cases} \quad \therefore E_p = \dfrac{E_l}{\sqrt{3}}$

  평형 Δ회로 : $\begin{cases} E_l = E_p \\ I_l = \sqrt{3}\, I_p \end{cases} \quad \therefore I_p = \dfrac{I_l}{\sqrt{3}}$

  이를 고려하면,

  $$P = 3 \cdot \frac{E_l}{\sqrt{3}} \cdot I_l \cos\theta = \sqrt{3}\, E_l I_l \cos\theta \quad (Y)$$

  or $$P = 3 \cdot E_l \frac{I_l}{\sqrt{3}} \cdot \cos\theta = \sqrt{3}\, E_l I_l \cos\theta \quad (\Delta)$$

- 3상회로의 전력은

  $P = \sqrt{3}\, E_l\, I_l \cos\theta \;\; [W]$

  단, θ는 상전압과 상전류의 위상차임.

Q1 : $R = 20\,[\Omega]$, $X_L = 15\,[\Omega]$을 갖는 임피던스 Z의 3상 Y 결선 평형부하에 선간전압 $V_l = 200\,[V]$를 인가한 경우 물음에 답하라.

(1) 이 회로의 역률

(2) 상전류 I_p

(3) 1상분의 전력

(4) 3상전력

Q2 한 상의 임피던스가 $3+j4\,[\Omega]$인 3상 부하가 Δ 결선으로 연결되어 있다. 회로에 전압 100[V]가 인가될 때 아래 값들을 구하라.

(1) 상전류

(2) 선전류

(3) 유효전력

(4) 무효전력

(5) 피상전력

Q3 한 상의 임피던스가 $3+j4\,[\Omega]$인 3상 부하가 Y 결선으로 연결되어 있다. 회로에 전압 100[V]가 인가될 때 아래 값들을 구하라.

(1) 상전류

(2) 선전류

(3) 유효전력

(4) 동일 전압 하에서 동일 부하가 Y 또는 Δ 결선으로 연결될 시, 전류와 전력의 크기가 어떻게 다른지 Q2의 결과와 상호 비교하여 설명하라.

Q4 다음 전력 계산식의 결과가 일치하는지 Q2과 Q3의 예에 적용시켜 조사하라.

(1) 유효전력 = $3V_pI_p\cos\theta = \sqrt{3}V_lI_l\cos\theta = 3I_p^2R$

(2) 무효전력 = $3V_pI_p\sin\theta = \sqrt{3}V_lI_l\sin\theta = 3I_p^2X$

(3) 피상전력 = $3V_pI_p = \sqrt{3}V_lI_l = 3I_p^2Z$

※ 단 V_p, I_p는 상전압과 상전류이고, V_l, I_l은 선전압과 선전류를 나타낸다. 또한 임피던스는 $\boldsymbol{Z} = \boldsymbol{R} + j\boldsymbol{X}$이다.

부록Ⅱ 시퀀스제어

Ⅱ-1 시퀀스제어 이론

2.1.1 자동제어의 정의

(1) 제어, 자동제어

제어란 『어떤 **목적**에 적합하도록 **제어대상**에게 필요한 **조작**을 가하는 것』으로 정의되어 있다. 이 정의 속에 포함된 「필요한 조작」을 인간의 힘으로 행할 경우를 수동제어, 기계·전기·전자장치의 힘으로 행할 경우를 자동제어라 부른다. 자동제어는 공장자동화(FA : Factoroy Automation)의 핵심 기술로서 미래의 컴퓨터통합생산(CIM : Computer Integrated Manufacturing)방식에 있어서도 필수불가결한 요소 기술이 될 것이다.

자동제어 기술은 눈부시게 발전하여 오늘날 다양한 분야에 다양한 목적을 자동으로 실현하기 위해 접목되어 있다. 따라서 그 동안 개발된 기술들에 대해 그 기준에 따라 많은 명칭들이 존재한다. 자동제어는 크게 피드백제어(feedback control)와 시퀀스제어(sequential control)로 구분하는 것이 일반적이다. 이러한 분류는 자동제어의 정의속에 포함된 제어의「**목적**」과 「**필요한 조작**」이 두 제어법에서 조금씩 다르다는 사실에 기인한다.

(2) 피드백제어와 시퀀스제어

'어떤 목적에 적합하도록'의 의미는 피드백 제어에서는 구체적인 물리량(예, 전류, 토크, 속도, 위치)의 값을 목표치에 일치시키는 것을 의미한다. 반면에, 시퀀스제어는 기동/정지와 같은 미리 정해진 순서나, 또는 제어 로직에 의해 결정되는 순서에 추종하도록 하는 제어를 의미한다. 이런 관점에서 본다면, 엄밀한 기준은 아니지만 피드백제어는 정량적 제어(定量的制御), 시퀀스제어는 정성적제어(定性的制御)에 가깝다고 할 수 있다. 또한 '필요한 조작' 면에 있어서도 피드백제어는 지령값(기준값, 설정값, 목표값)과 현재의 출력값(제어량, 응답)에 대한 차 즉, 오차가 0이 되도록 제어기를 설계하는데 비해, 시퀀스제어에서는 구체적인 작업 지시에 따른 해당 기기에 대한 ON/OFF 지령을 주도록 제어기를 설계하는 것이 보통이다. 그림 1.1에 두 제어 방법의 개략적인 구성도를 보이고, 표 1.1에 각 제어 방식에 대한 분류 기준을 나타내었다.

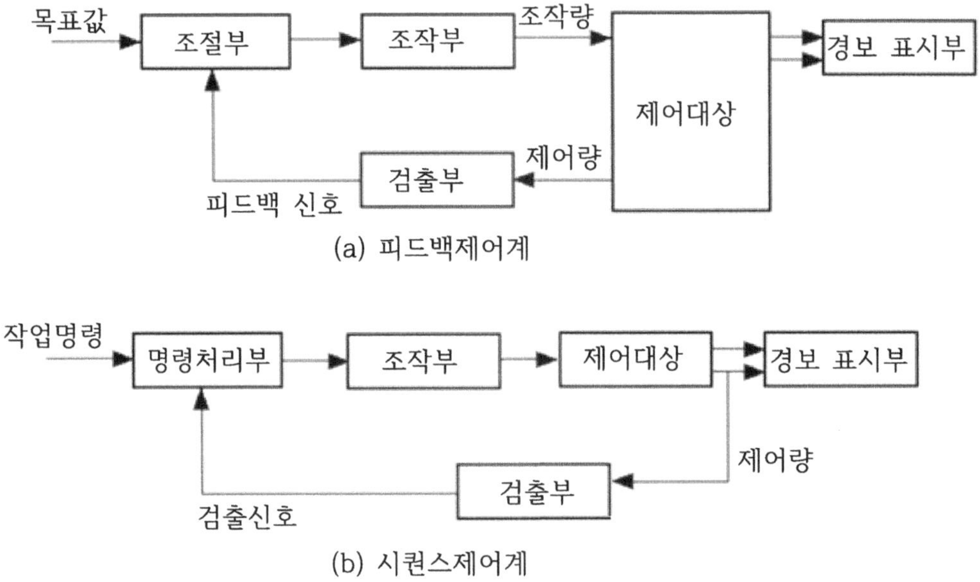

그림 1.1 피드백제어계와 시퀀스제어계의 기본 구성

(3) 자동제어 분류

그림 1.1에서 알 수 있는 바와 같이, 피드백제어와 시퀀스제어는 대단히 유사한 구성으로 되어 있다. 그러나 우선 최초 입력에 해당하는 지령값이 피드백제어에서는 구체적인 물리량인데 반해 시퀀스제어에서는 작업명령으로 서로 다름을 알 수 있다. 또한, 가장 큰 차이점은 조절부와 검출부 사이에서 발생한다. 피드백제어에서는 구체적인 물리량을 검출해서 설정값과 비교하고 그 차이에 해당하는 오차가 0이 되도록 제어한다. 이때 제어대상으로부터 제어량을 검출해서 최초의 설정값과 다시 비교하도록 하는 되먹임

(feedback) 루프(loop)를 갖는다고 하여 붙여진 이름이 피드백제어이다. 시퀀스제어에서도 제어대상으로부터 어떤 값을 검출하는 것은 동일하지만 그 값이 구체적인 물리량이 아닌 2치 정보(ON/OFF or 0과 1)에 해당하는 값으로 어떤 상태의 충족 여부를 주로 나타내는 값이다. 따라서 그 값은 조작자를 위한 모니터링 정보로 가공되거나, 제어의 내용이 다음 순서로 넘어 가기 위한 정보를 제공하는 역할을 한다는 점이 피드백제어와 크게 구별되는 점이다. 표 1.1에 피드백 제어와 시퀀스 제어를 비교하여 나타내었다.

표 1.1 피드백제어와 시퀀스제어의 비교

자동제어

- 피드백제어 (feedback control)
  - 주로 연속량을 대상
  - 음의 피드백제어 (negative feedback control)
  - 폐루프(폐회로)제어 (closed-loop control)
- 시퀀스제어 (sequential control)
  - 주로 불연속량을 대상
  - 개루프(개회로)제어 (open-loop control)

- 정량적제어 (피드백제어)
  - 제어명령의 내용이 무한개의 정보를 가진 것
  - 아날로그정보 (analog information)
  - 연속정보 (continuous information)
- 정성적제어 (시퀀스제어)
  - 제어명령의 내용이 유한개의 정보를 가진 것
  - 이산정보 (discrete information)
  - 디지털정보 (digital information)

2.1.2 시퀀스제어의 정의

(1) 시퀀스제어의 정의와 구성

시퀀스제어란 『**미리 정해진 순서** 또는 **일정한 논리**에 따라 제어의 각 단계를 순차적으로 진행시켜 가는 제어』를 말한다.

하드웨어 구성으로 본 시퀀스제어 시스템의 기본적인 구성은 그림 1.2와 같으며, 그림 1.1의 명령처리부의 기능이 시퀀스제어 동작용 기기로서 실현된 것으로 볼 수 있다.

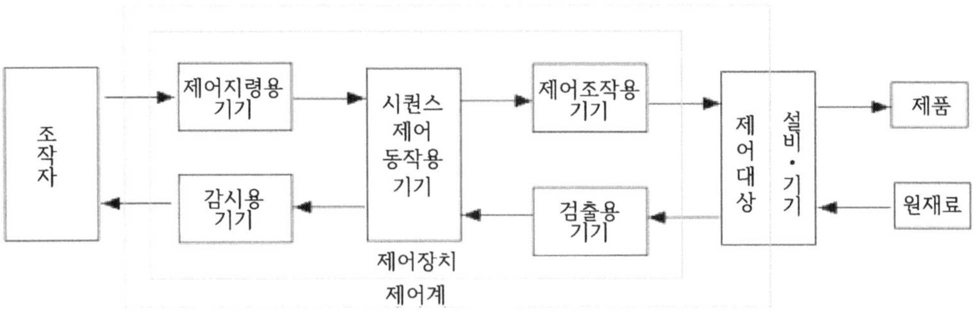

그림 1.2 시퀀스제어 시스템의 기본 개념도

시퀀스제어도 제어장치에서 제어대상으로 향하는 제어 명령과 제어대상으로부터 제어장치로 되돌아오는 상태 검출 신호가 있어, 크게 두 블록(제어대상과 제어장치)으로 생각하면 피드백제어와 구성이 비슷하다는 점은 앞서 설명한 바 있다. 그러나 시퀀스제어의 경우에는 제어장치의 연산 요소로서 논리 판단, 기억, 지연 등의 기능을 가지고 있다. 이미 주어진 동작 명령에 따른 제어 결과를 확인하여 다음 동작 명령을 만들어 내기 위해 제어대상의 상태를 검출한다. 즉, 검출부를 통해 제어대상으로부터 필요한 정보를 검출한다는 측면에서는 두 제어 방식이 크게 다를 바 없지만, 검출 내용과 목적이 엄밀하게 다르다는 사실을 이해할 필요가 있다.

(2) 시퀀스제어와 피드백제어의 차이

피드백제어에서는 그 명칭이 나타내는 것과 같이 제어대상의 검출은 필수적이어서 반드시 폐루프(closed loop)를 구성하게 된다. 반면에 시퀀스제어에서는 그것을 반드시 필요로 하지 않으며, 그 대신 제어장치 중에 있는 기억 소자나 타이머 소자를 사용할 때도 많다. 이런 연유로 시퀀스제어를 개루프(open loop)제어라고도 한다.

시퀀스제어는 펌프 구동용 모터를 운전/정지하거나, 급수탱크의 급수밸브를 개/폐하는 동작 또는 전진/후진, 상승/하강, ON/OFF 등과 같이 일반적으로 2위치 값의 지령을 제어하는 것이 대부분으로 시간적, 공간적으로 불연속한 양의 제어에 속한다. 이러한 시스템을 이산시스템(discrete system)이라 하고, 이산시스템일 경우 제어대상에 대한 수학적 모델링이 매우 어렵다. 모델링 자체가 어려우므로 계통적인 제어칙의 설계는 거의 불가능하다. 이로 인해 시퀀스제어는 피드백제어에 비해 이론적으로 체계화되지 못하고 주로 현장 기술자의 경험에 의존하는 형식으로 발전하여 왔다.

시퀀스제어는 그 기원이 피드백제어에 필적하는 오랜 역사를 갖고 있으며, 공장자동화에 있어서도 피드백제어 이상으로 많이 이용되는 핵심 요소 기술에 해당한다. 그럼에도 각 대학에서는 피드백제어를 주로 가르치고 있는 이유가 바로 시퀀스제어 이론의 체계화 부재이다. 따라서 이하에서도 시퀀스제어를 이론적인 관점이 아닌 실용적인 관점에서 다루기로 한다.

(3) 유접점제어와 무접점제어

한편, 시퀀스제어는 기계적 접점을 갖는 유접점 릴레이에 의한 고정배선 방식으로부터 출발하여 반도체 소자를 이용한 무접점 릴레이를 거쳐 디지털 I.C나 계산기를 이용하는 방식으로 발전하여 오다 현재는 전용 제어장치인 PLC(Programmable Logic Controller)를 이용하는 프로그램 제어 방식이 주류를 이루고 있다. 본 교재에서는 우선 기계적 접점을 이용하는 유접점 릴레이에 근거한 시퀀스제어계의 설계 및 해석법에 관해 설명하기로 한다.

시퀀스제어는 앞서 설명한 바와 같이 순서제어이다. 시퀀스제어에서 다음 단계로 제어를 이동하는 조건에는 다음과 같은 것들이 있다.

① 전 단계의 제어 동작이 끝난 후, 다음 동작으로 이행할 경우
② 전 단계의 제어 동작이 끝난 후, 일정한 시간이 경과한 후에 다음 동작으로 이행할 경우
③ 전 단계의 제어 결과에 따라 다음에 행할 동작을 선정하여 다음 단계로 이행할 경우

II-2 시퀀스제어용 장치

그림 1.2에서 살펴본 바와 같이 시퀀스제어 장치에는 제어지령용 기기, 시퀀스제어동작용 기기, 제어조작용 기기, 검출용 기기, 감시용 기기가 있다. 표 2.1에 각 기기의 대표적인 종류를 분류하여 열거하였다. 이 분류는 그림 1.2와 관련하여 시퀀스제어 장치를 이해하기 쉽도록 하기 위함이지 엄밀한 기준에 의거한 분류는 아니다.

표 2.1 시퀀스제어용 기기와 그 분류

시퀀스 제어기기	제어지령용 기기	푸시버튼스위치, 스냅스위치, 로터리스위치 등
	제어조작용 기기	서보모터, 전자밸브 솔레노이드 밸브 등
	검출용 기기	리미트스위치, 포텐쇼미터, 광전스위치, 온도스위치, 속도계발전기, resolver, encoder 등
	감시용 기기	램프, 부저, 지시계기, CRT 디스플레이 등
	시퀀스제어동작용 기기	계전기, 카운터, PC(프로그래머블컨트롤러), 타이머 등(전자개폐기)
	복합기능 기기	보호계전기 등

2.2.1 제어지령용 기기

(1) 푸시버튼 스위치

제어지령용 기기로는 주로 스위치가 이용된다. 그림 2.1에 버튼 스위치를 나타내었다. 스위치(BS : Button Switch)는 수동으로 버튼을 누르면 접점 기구부가 개폐 동작을 하여 전로(電路)를 개로(開路) 또는 폐로(閉路)로 하며, 손을 떼게 되면 자동적으로 스프링의 힘에 의해서 원상태로 돌아가는 제어용 조작 스위치를 말한다. 버튼 스위치는 손가락으로 조작되는 버튼 기구부와 버튼 기구부에서 받은 힘에 의해 전기회로를 개폐하는 접점 기구부로 구성되어 있다. 또, 접점 기구부는 회로의 개폐를 직접 행하는 고정 접점 및 접점을 본래대로 되돌리는 작동을 하는 접점 귀환 스프링, 배선용 단자, 그리고 접점 기구를 수납하는 합성 수지인 케이스(箱子)로 되어 있다.

(2) 푸시버튼 스위치 접점

버튼 스위치의 그림 기호와 a접점의 복귀상태, 동작상태는 그림 2.1과 2.2에 각각 나타내었다.

그림 2.1 버튼 스위치의 접점 기호

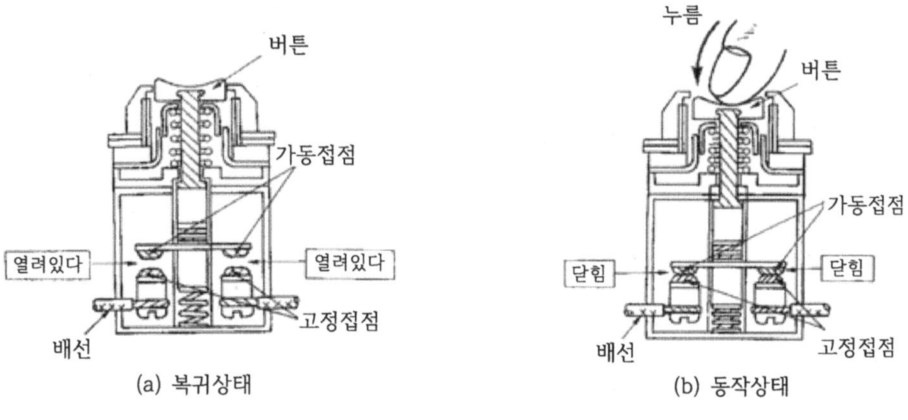

그림 2.2 버튼 스위치의 a접점 복귀 상태와 동작 상태

(3) 스위치 종류

스위치의 종류에는 푸시버튼(push button) 스위치 이외에도 토글(toggle) 스위치가 있다. 그림 2.3에 토글 스위치를 나타내었다. 이들은 접점의 동작 상태에 따라 수동조작 자동복귀 접점(자동복귀접점)과 자기유지형 접점(수동접점)으로 대별된다. 푸시버튼 스위치는 전자에, 토글 스위치는 후자에 속하며, 각기 다른 기호(symbol)를 사용하여 접점의 특성을 명확히 구별하고 있다. 표 2.2에 각 스위치의 형상과 그 동작 특징을 간단히 요약하였다.

그림 2.3 토글 스위치

(4) 스위치의 선택

스위치를 선택할 때에는 이와 같은 접점의 동작 상태뿐만 아니라 접점에서 개폐 가능한 전류, 전압의 값 즉, 접점용량도 함께 고려해야 한다. 필요 이상의 큰 용량 스위치는 비경제적이며 도리어 접촉 불량을 유발할 수도 있다. 따라서 접점용량을 초과하지 않는 범위 내에서 다소의 안전 여유를 갖고 용량을 결정하는 것이 바람직하다.

표 2.2 제어지령용 기기로서의 각종 스위치

종 류	그림 기호		동작 개요	대표적인 스위치
	a 접점	b 접점		
수동조작 자동복귀 접 점			조작하고 있는 순간만 접점이 개폐하고 손을 떼면 조작부분과 접점이 원래 상태로 복귀한다.	푸시버튼 스위치 
자기유지형 접 점 (수동접점)			조작 후 손을 떼더라도 조작부분과 접점이 그대로 상태를 유지하고 있다.	토글 스위치 (스냅 스위치) 
조 작 스위치 잔류접점			조작 후 손을 떼면 접점은 그대로 상태를 유지하지만 조작부분은 원래의 상태로 되돌아간다.	

특히, 스위치의 용량 결정 시에는 직류회로인 경우가 교류회로 보다 더 큰 여유를 필요로 하며, 부하의 종류에 따른 돌입전류의 크기 등도 고려할 필요가 있다. 또한 스위치 조작에 따른 스파크(아크)를 흡수하기 위한 회로를 설치하여 접점 보호 및 과대한 접점용량이 되지 않도록 할 필요도 있다.

2.2.2 제어동작용 기기

유접점 시퀀스제어 회로의 동작용 기기로는 계전기(relay)가 대표적인 예이다. 그 외에 타이머(timer) 등을 들 수 있고, 무접점 시퀀스제어에 있어서는 PLC가 대표적인 기기에 속한다.

릴레이는 전자개폐기(magnet switch)의 한 종류로서 주로 제어회로에 쓰이는 소형을 전자계전기 또는 전자릴레이 더 간단히 줄여서 릴레이(계전기)라 한다.

전자개폐기 가운데 전력회로의 개폐가 가능하도록 접점용량을 크게 한 것을 전자접촉기(Magnetic Contactor ; MC)라 부르며 과전류에 대한 보호회로를 구비한 것을 전자개폐기라 하여 따로 구분하기도 한다. 전자개폐기는 제어조작용 기기로, 릴레이는 제어작용 기기로 분류한 것도 릴레이가 제어를 위한 회로에 주로 쓰이는 반면, 전자개폐기는 수동적인 역할을 하는 것에 기인한 것으로 엄밀한 구분은 아니다. 본 교재에서는 계전기와 전자접촉기 그리고 타이머를 제어동작용 기기로 분류하여 설명하기로 한다.

(1) 계전기(relay)

1) 계전기의 형상과 작동 원리

릴레이(R : Relay)는 전자계전기라고도 불리며, 전자석에 의한 철편의 흡인력을 이용해서 접점을 개폐하는 기능을 가진 기기를 말한다. 릴레이 시퀀스제어(유접점제어)의 제어기기 가운데 주역으로서, 소형으로 접점의 수가 많은 제어용 전자계전기에서부터 큰 전류의 개폐도 가능한 전력용 전자계전기 등 여러 가지 종류가 있다. 그림 2.4에 릴레이의 외관을, 그리고 그림 2.5에 상세한 내부 구조를 나타내었다. 또한, 그림 2.6에 릴레이의 동작 원리를 그림 2.7에 접점 기호를 각각 나타내었다.

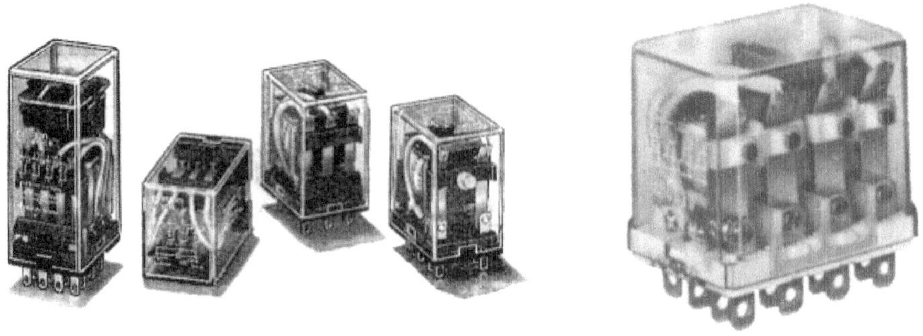

그림 2.4 릴레이의 외관

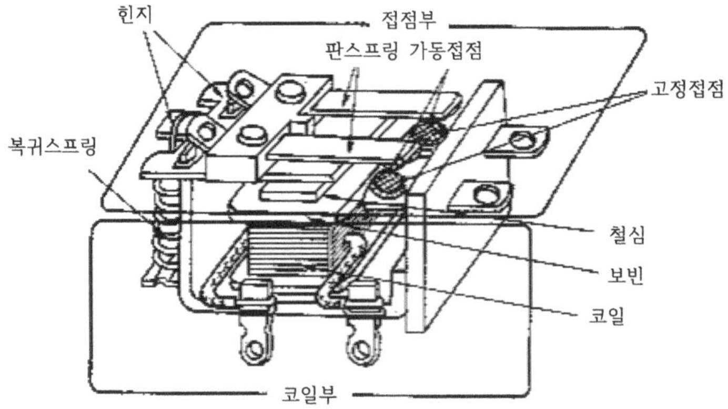

그림 2.5 릴레이의 상세한 내부 구조

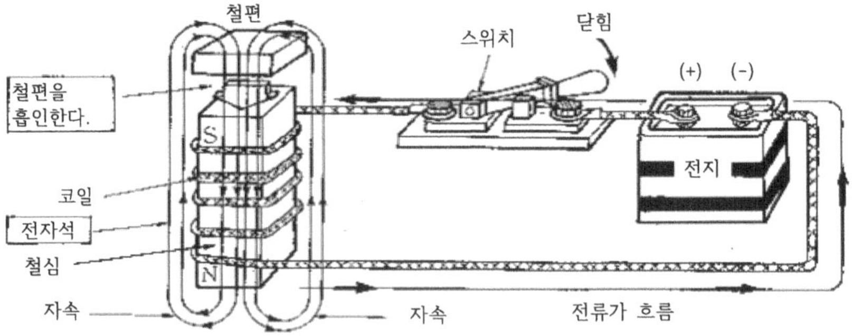

그림 2.6 릴레이의 동작 원리

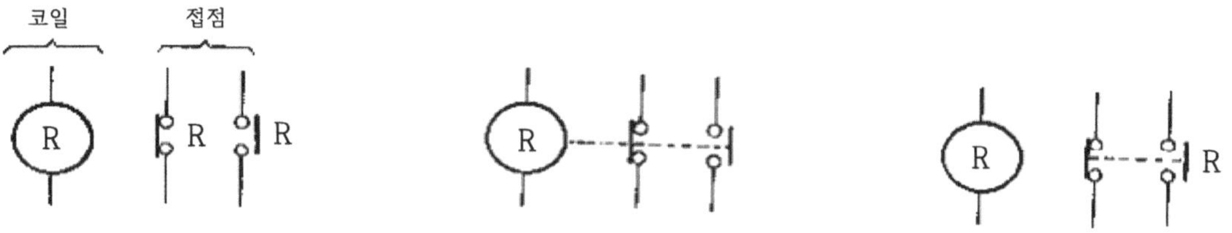

(a) 문자기호에 의한 코일과 접점의 관계

(b) 점선에 의한 코일과 접점의 관계

(c) (a)와 (b)의 혼용

그림 2.7 릴레이의 접점 기호

2) 릴레이의 접점

① a접점 : 릴레이의 a접점이란 그림 2.8 (a)와 같이 릴레이의 코일에 전류가 흐르지 않은 상태(복귀상태)에서는 가동접점과 고정접점이 떨어져서 「개로」 하고 있지만, 코일에 전류가 흐르게 되면(동작상태) 그림 2.8 (b)와 같이 가동접점이 고정접점에 접촉되어 「폐로」 하는 접점을 말한다.

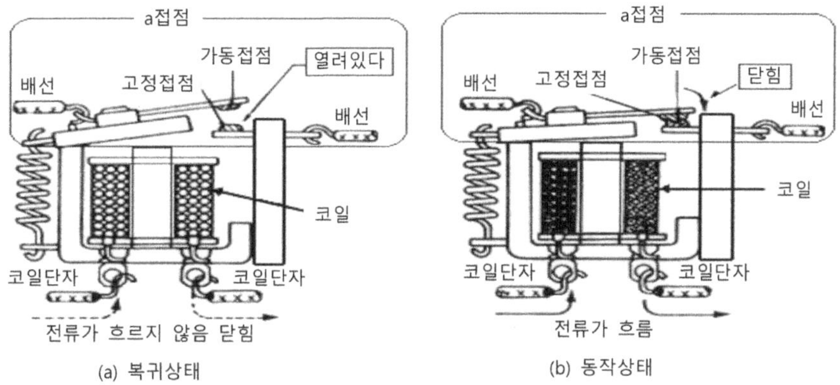

(a) 복귀상태

(b) 동작상태

그림 2.8 릴레이의 a접점 복귀상태와 동작상태

② b접점 : 릴레이의 b접점이란 그림 2.9 (a)와 같이 릴레이의 코일에 전류가 흐르지 않은 상태(복귀상태)에서는 가동접점과 고정접점이 접촉되어서, 「폐로」 하고 있지만 코일에 전류가 흐르게 되면(동작상태) 그림 2.9 (b)와 같이 가동접점과 고정접점이 떨어져서 「개로」 하는 접점을 말한다.

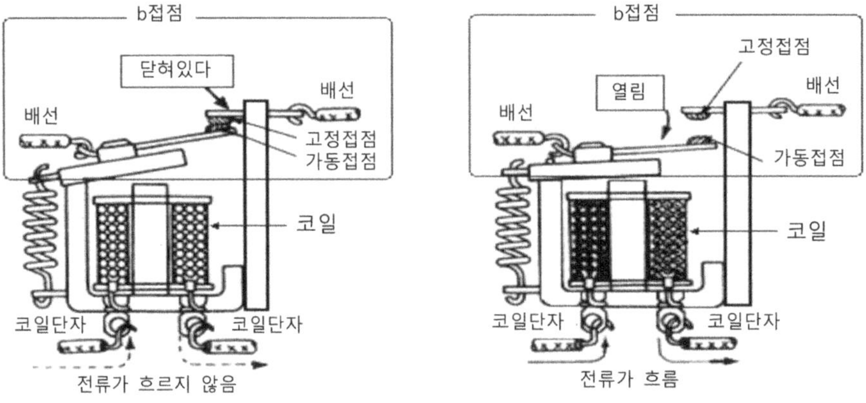

(a) 복귀상태 (b) 동작상태

그림 2.9 릴레이의 b접점 복귀상태와 동작상태

③ c접점 : 릴레이의 c접점이란 그림 2.10 (a)와 같이 a접점과 b접점이 1개의 가동접점을 공유해서 조합된 구조의 접점을 말한다. 따라서 c접점이 있는 릴레이의 전자코일에 전류가 흐르지 않는 복귀상태에서는 a접점은「개로」하고 있고, b접점은「폐로」하고 있으나 전자코일에 전류가 흘러 동작상태가 되면 그림 2.10 (b)와 같이 상호 공통인 가동접점이 아래쪽으로 이동하기 때문에 a접점은「폐로」하고, b접점은「개로」하게 된다. 이와 같이 릴레이의 c접점은 회로를 전환할 수 있다.

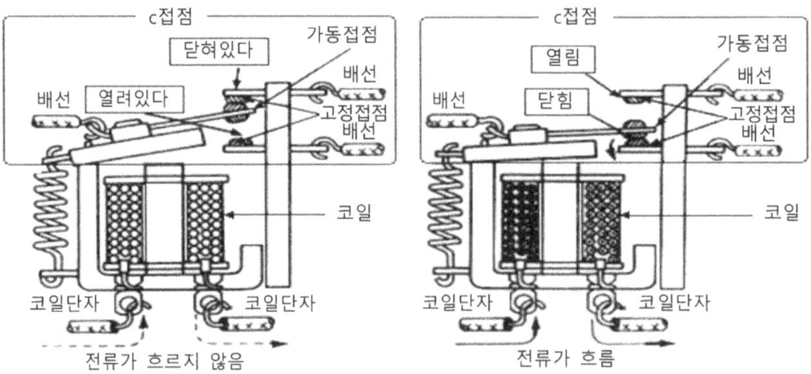

(a) 복귀상태 (b) 동작상태

그림 2.10 릴레이의 c접점 복귀상태와 동작상태

이상에서 논의된 접점들의 성질을 요약하면 표 2.3와 같다.

표 2.3 릴레이 접점의 종류와 호칭

접점의 종류	접점의 상태	별 칭
a접점	「열려있는 접점」 arbeit contact	• 메이크 접점(make contact) (회로를 만드는 접점) • 상개 접점(normally open contact) (no 접점 : 항상 열려있는 접점)
b접점	「닫혀있는 접점」 break contact	• 브레이크 접점 (break contact) • 상폐 접점 (normally close contact) (nc 접점 : 항상 닫혀있는 접점)
c접점	「전환 접점」 change - over contact	• 브레이크 · 메이크 접점 (break make contact) • 트랜스퍼 접점(transfer contact)

3) 접점용량

릴레이의 접점회로는 여자회로보다 훨씬 고전압의 인가가 가능하여 대전류의 전기회로를 개폐할 수 있다. 접점회로가 전기회로를 개폐할 수 있는 능력을 접점용량이라 하며, 전압 값과 전류 값에 의해 그 크기가 정해진다. 표 2.4에 릴레이의 접점용량에 대한 한 예를 보인다.

이처럼 여자측과 부하측의 전압차는 매우 클 수 있기 때문에 차이가 날 경우 별도의 표기를 사용하거나, 동일 크기의 전원일 경우에는 동일 회로도 상에 표기한다.

표 2.4 접점용량의 한 예

릴레이	여자전압	여자전류	접점용량(최대)
R_A	DC 12 [V]	DC 25 [mA]	AC 5 [A] 250 [V]
R_B	DC 24 [V]	DC 15 [mA]	AC 5 [A] 250 [V]
R_C	AC 100 [V]	AC 12 [mA]	AC 10 [A] 250 [V]

(2) 전자접촉기와 서멀 릴레이

전자접촉기(MC)의 형상과 내부 구조를 그림 2.11에 각각 나타내었다.

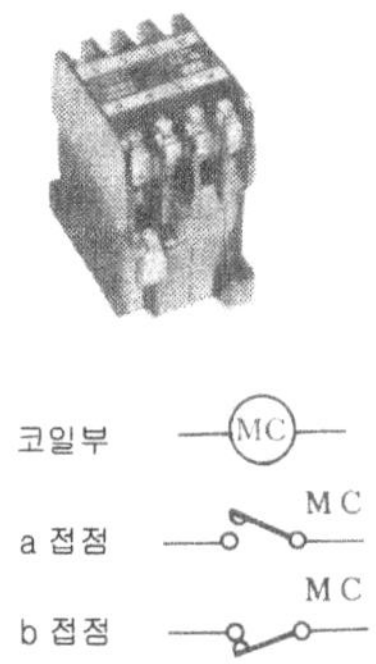

(a) 외관과 기호

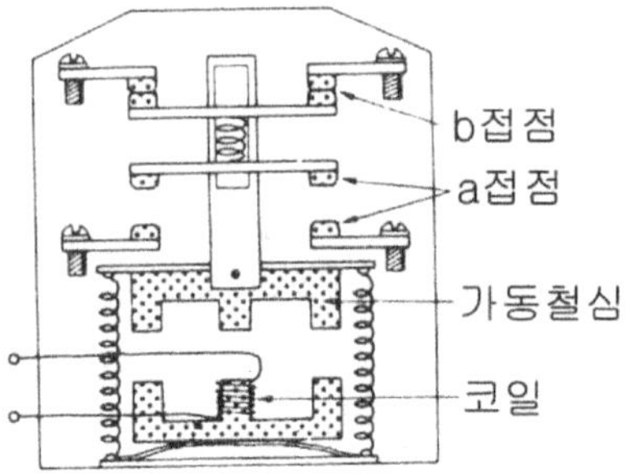

(b) 내부 구조

그림 2.11 전자접촉기(MC)의 구조

전자접촉기의 동작원리는 전자계전기의 동작원리와 동일하다. 즉, 전자석에 의한 흡인력을 이용하여 접촉부를 동작시키며, 주로 주회로 전류와 같이 대전류의 개폐나 전동기의 빈번한 시동, 정지 등의 제어에 사용된다. 고압 전자접촉기는 차단기와 같이 고압 주회로의 개폐에 사용된다. 전자접촉기에는 대전류 개폐용인 주접점과 제어회로용(소전류용)인 보조접점이 있다. 그림 2.12, 그림 2.13에 전자접촉기의 외관과 그림 기호, 그리고 그림 2.14에 전자접촉기의 상세 구조를 각각 나타내었다.

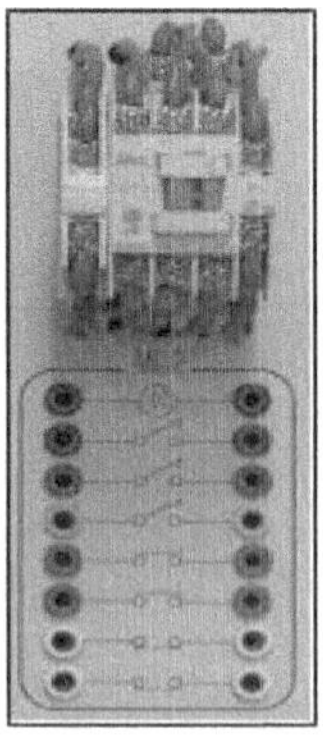

그림 2.12 전자접촉기 외관

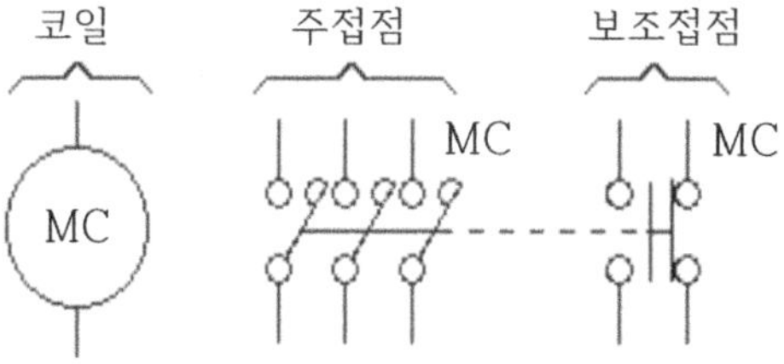

그림 2.13 전자접촉기의 그림 기호

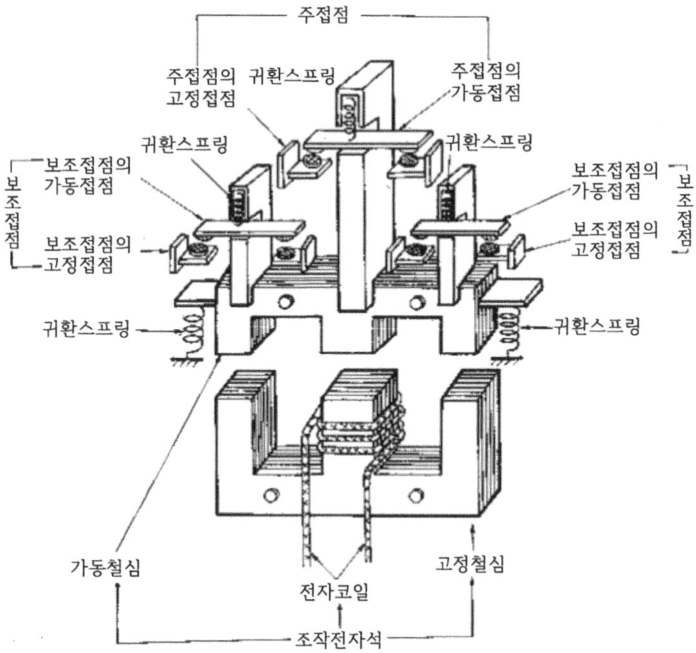

그림 2.14 전자접촉기의 상세 구조

서멀 릴레이(THR : Thermal Relay)는 열동 과전류계전기라고도 부르며 설정값 이상의 전류가 흐르면 접점을 동작시키는 계전기로서, 전동기의 과부하 보호에는 필수적인 부품이다. 주회로에 삽입된 히터에 과전류(모터 등의 과부하 전류)가 흐르면 바이메탈이 열을 받아서 굽어져 접점이 동작된다. 그림 2.15, 그림 2.16에 서멀 릴레이의 외관과 그림 기호를, 그리고 그림 2.17에 그 동작원리를 각각 나타내었다. 또, 전자접촉기와 서멀 릴레이를 조합하여 하나로 합친 것을 전자개폐기(MS : Electromagnetic Switch)라 하고, 마그넷 스위치라고도 한다.

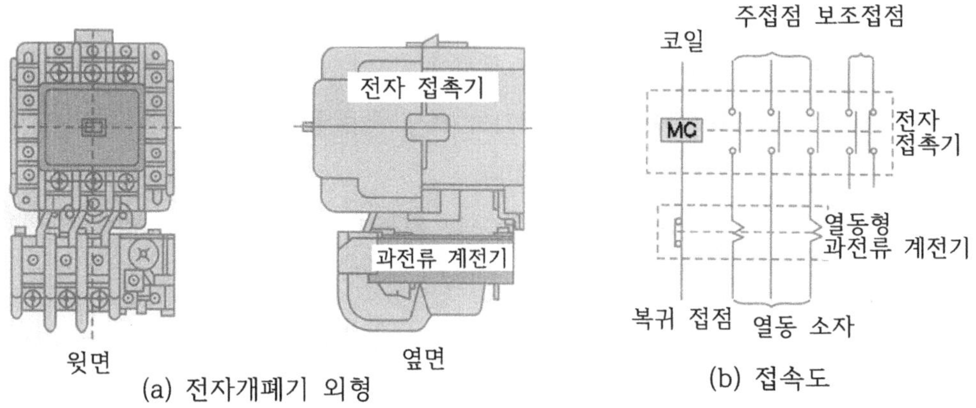

그림 2.15 전자개폐기

그림 2.16 서멀 릴레이의 그림 기호

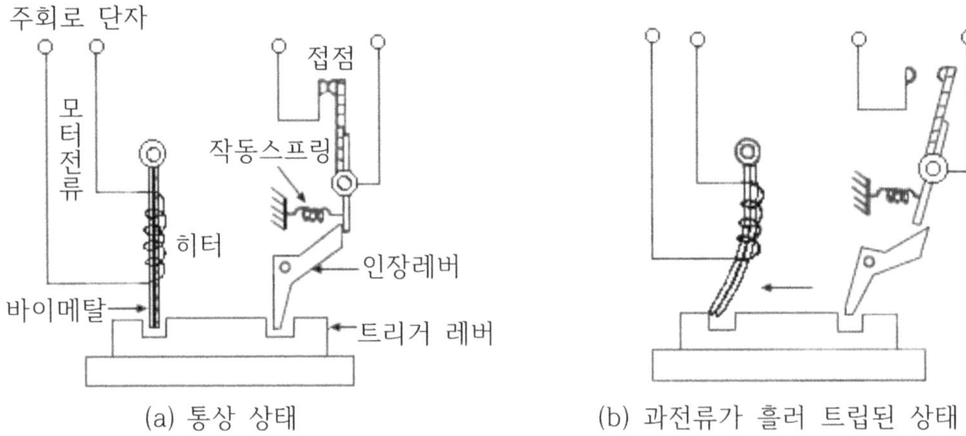

그림 2.17 서멀 릴레이의 동작원리

(3) 한시 계전기(타이머)

일반적으로 전자계전기는 전자코일에 전류가 흐르게 되면, 그 접점은 순간적으로 폐로 또는 개로한다. 그러나 한시 계전기(T : Timer) 또는 타이머는 전기적 또는 기계적 입력을 부여하면, 전자계전기와는 달리 이미 정해진 시간이 경과한 후에 그 접점이 폐로 또는 개로하는 것으로서 인위적으로 시간지연을 만들어 내는 계전기를 말한다. 타이머의 시간차를 만들어 내는 방법에 따라서 모터식 타이머, 전자식 타이머, 제동식 타이머 등이 있다. 타이머의 출력 접점에는 동작시에 시간지연이 있는 것과 복귀시에 시간지연이 있는 것이 있는 데, 그 외관과 접점의 그림 기호와 동작을 그림 2.18, 그림 2.19에 각각 나타내었다.

그림 2.18 타이머(전자식)의 외관

		심벌	시간적인 동작내용
전자 코일 또는 타이머 구동모터	코일	T	소자 여자 소자
한시동작접점	* a 접점		개 τ 폐 개
	** b 접점		폐 τ 개 폐
한시복귀접점	** a 접점		개 폐 τ 개
	* b 접점		폐 개 τ 폐

*표는 폐로할 때에 지연(delay)이 있는 것 (time delay close)
**표는 개로할 때에 지연(delay)이 있는 것 (time delay open)

그림 2.19 타이머의 접점과 동작

한편, 그림 2.20에 타이머 내부 접속도 및 소켓을 나타내었다.

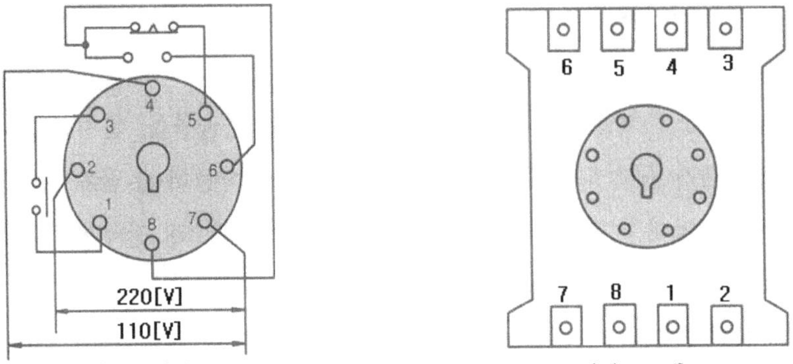

(a) 내부 접속도 (b) 소켓

그림 2.20 타이머 내부 접속도 및 소켓

2.2.3 제어조작용 기기

제어대상에게 인간을 대신하여 직접 필요한 조작을 가하는 기기이다. 널리 알려진 조작용 기기로는 모터(motor ; M), 솔레노이드(solenoid ; SOL), 전자밸브(solenoid valve ; SV)가 있다. 이들에 대한 동작 설명 및 기호를 표 2.5에 나타내었다.

표 2.5 조작용 기기의 예

기기	동작	기호
모터	전기에너지를 기계적 에너지로 변환시키는 장치	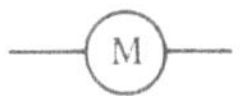
솔레노이드	코일에 전류를 흘려 전자석을 만들고 그 흡인력으로 가동편을 움직여 직선운동을 하는 장치	
전자밸브	전자석의 흡인력을 이용하여 밸브를 개폐함으로써 공기나 기름, 물 등의 유체 유량을 제어함	

그림 2.21 모터

그림 2.22 솔레노이드

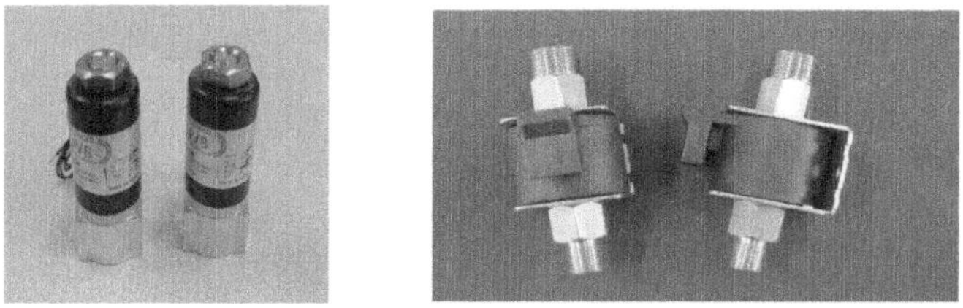

그림 2.23 전자밸브

2.2.4 검출용 기기

검출용 기기에는 물체의 유/무, 위치, 온도, 압력 등의 변화를 검출하여 자동적으로 접점이 개폐되는 스위치가 대표적이다. 대표적인 검출용 스위치의 예를 표 2.6에 보인다.

표 2.6 검출용 기기의 예

검출 스위치	기호		동작개요	실물 예
	a 접점	b 접점		
리밋 스위치	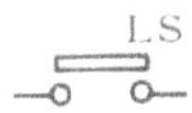		• 물체의 힘에 의해 작동편이 눌려져 접점이 개폐함 • 물체에 직접 접촉해서 검출함	
광전 스위치	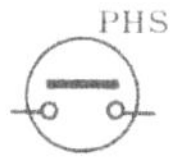	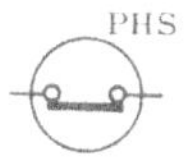	• 투광기와 수광기로 구성되고 물체가 광로를 차단함으로써 접점을 개폐함 • 물체에 접촉하지 않고 검출함	
근접 스위치	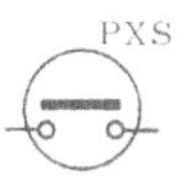	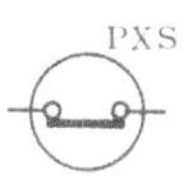	• 물체에 의해 전계나 자계를 변화시켜 접점을 개폐함 • 비접촉 검출이 가능함 • 금속체나 자성체를 검출할 수 있음	

이 외에도 포텐쇼미터(potentiometer), 속도계발전기(tacho-generator), 레졸버(resolver), 엔코더(encoder) 등도 표 2.6의 검출기와는 특성이 다소 다르지만 검출용 기기의 범주에 속한다.

(1) 리밋 스위치

리밋 스위치는 기계적 운동을 전기적 신호로 바꾸어 주는 것으로 차고 셔터의 상한과 하한 검출, 밀링머신의 테이블 왕복운동에서 테이블의 반전 위치 검출 등 물체의 위치 검출에 널리 사용된다.

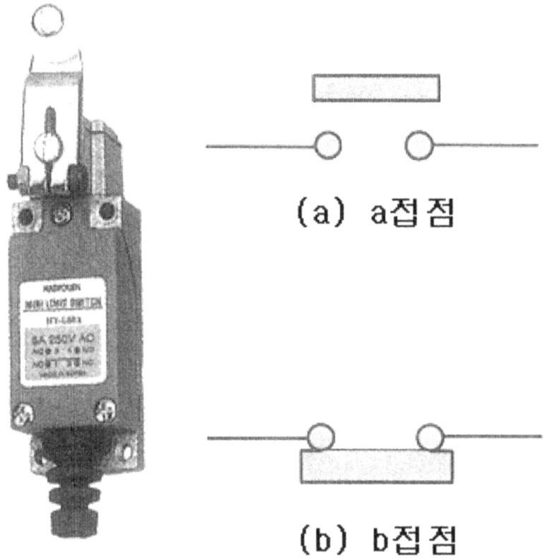

그림 2.24 리밋 스위치

마이크로 스위치는 미소한 접점 간격과 스냅액션 구조로 되어 있어서, 일정한 힘을 가하면 접점이 개폐한다. 기계나 장치에서 공정의 종단위치 검출이나 설정된 위치의 검출에 이용된다. 리밋 스위치(기호 LS : Limit Switch)는 마이크로 스위치를 다이케스트 케이스에 넣은 것을 말한다. 그림 2.24, 그림 2.25에 리밋 스위치의 그림과 그림 기호를 나타내었다.

그림 2.25 리밋 스위치의 그림 기호

(2) 광전 스위치

광전 스위치(PHOS : Photo Electric Switch)는 검출 스위치 중에서 빛을 매체로 한 비접촉 스위치이며, 「가시광선, 적외선 등의 빛을 투광부에서 신호광으로 발사하여 검출물체에 의해서 반사되는 빛을 수광부에서 검출하거나 차광된 광량의 변화를 수광부에서 검출하여 출력 신호로 얻는 센서」라 정의할 수 있다. 그러므로 광전 스위치는 물체의 유무, 통과여부, 정위치 등의 검출에서부터 물체의 대소 및 색상의 차이 판별 등 고도의 정밀 검출 기능까지 행할 수 있기 때문에 자동제어, 계측, 품질관리 등의 여러 산업 분야에서 폭넓게 이용되고 있다.

명칭에서는 '포토 스위치', '포토 센서', '빔 스위치' 등 여러 가지 이름으로 불리고 있지만 '광전 스위치' 혹은 '광전 센서'가 가장 일반적인 명칭이다

광전 스위치는 검출 방식에 따라 투과형, 직접 반사형, 거울 반사형으로 분류할 수 있는데 투과형은 투광기와 수광기가 서로 분리된 형태로 구성되어 있어, 투·수광기 사이의 빛을 차단하면 검출 신호가 발생하는 가장 일반적인 타입의 광전 스위치이다. 또, 직접 반사형은 투·수광부가 일체형으로 된 구조이며 투광기에서 방사된 빛이 검출물체에 직접 닿아서 거기에서 반사되어 온 빛의 변화를 수광기가 검출함으로써 동작하는 타입이다. 투·수광기쪽만 배선하면 되므로 배선이 간단하고, 좁은 공간에도 쉽게 설치할 수 있다. 거울 반사형은 리플렉터형(reflector type)이라고 부르기도 하며 투광부와 수광부가 일체화된 구조로 되어 있고, 반사판으로 거울(mirror)을 사용한다.

그림 2.26 광전 스위치

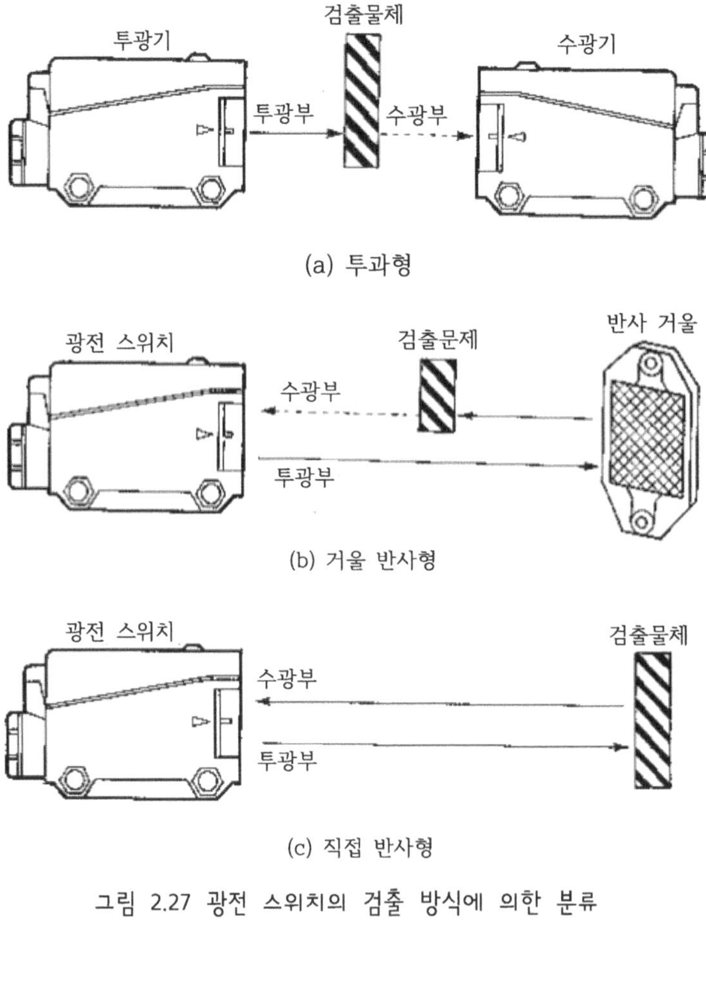

그림 2.27 광전 스위치의 검출 방식에 의한 분류

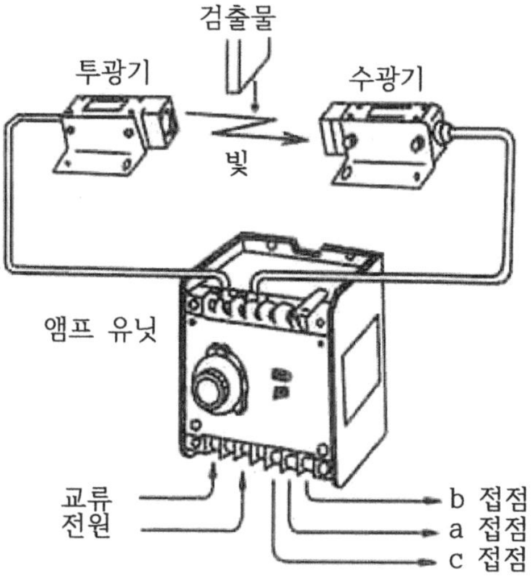

그림 2.28 광전스위치의 작동 원리

(3) 근접 스위치

리밋 스위치와 마이크로 스위치는 물체와의 접촉에 의해 감지할 수 있는 기계적인 스위치이다. 이와는 달리 비접촉으로 물체가 가까이 접근하였다는 것을 감지할 수 있는 스위치가 근접 스위치(PROS : Proximity Switch)이다. 근접 스위치는 검출 원리에 따라 고주파발진형, 정전용량형, 자기형으로 분류할 수 있는데 고주파발진형은 검출 헤드 가까이에 금속체가 없을 때는 항상 발진 상태에 있고, 금속체가 접근하면 발진 코일이 자력선의 영향을 받아 유도에 의해 정지하고, 이것이 출력으로 나타난다. 정전용량형 근접 스위치는 검출 헤드에 물체를 접근시키면 물체 표면과 전극판 표면에서 분극현상이 일어나 정전용량이 증가하고, 이로 인해 발진 진폭이 증가하여 출력이 나온다. 따라서 이와 같이 분극현상을 이용하므로 플라스틱, 목재, 종이, 액체 등 기타 유전(誘電)물질이면 모두 검출할 수 있다. 자기형은 마그넷에 의해 동작하므로 구동전원이 불필요하지만 자성체 또는 발진원인 영구자석밖에 검출할 수 없다.

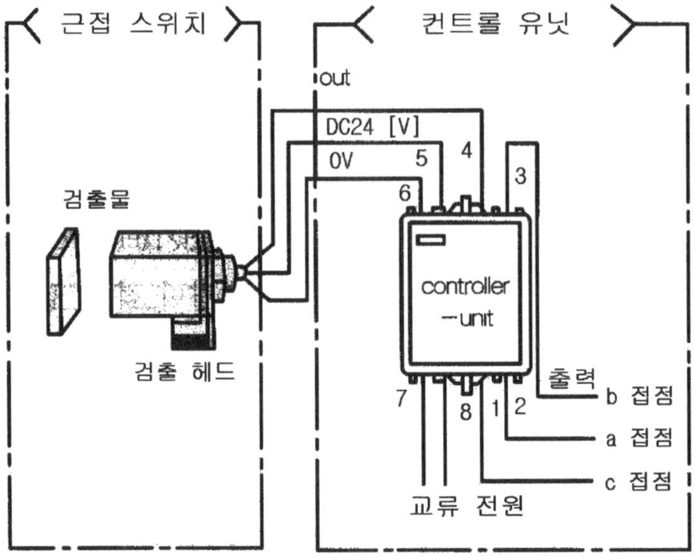

그림 2.29 근접 스위치

(4) 온도 스위치

온도가 설정값에 도달하면 동작하는 스위치이다. 온도 변화에 대하여 전기적 특성이 변화하는 소자(예 서미스터, 백금)를 측온체를 사용하여 대상의 온도를 검출한다. 그림 2.30에 온도 스위치를 나타내었다.

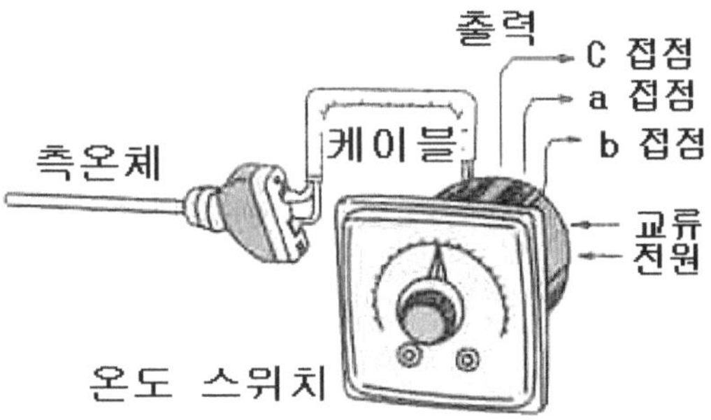

그림 2.30 온도 스위치

2.2.5 감시용 기기

조작자로 하여금 제어대상 상태의 확인, 감시를 가능하게 해 주는 기기로서 부저(buzzer), 램프(lamp) 등이 이에 속한다. 이 외에도 전압, 전류 등을 표시하는 전압계 전류계 등이 있다.

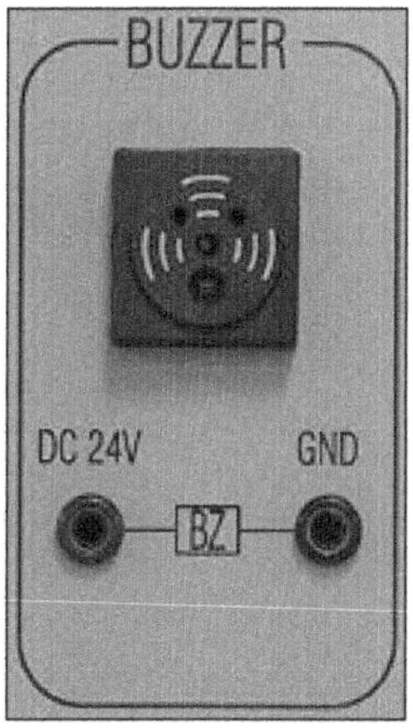

그림 2.31 부저(Buzzer)

(a) 전류계 (b) 전압계

그림 2.32 전류계와 전압계

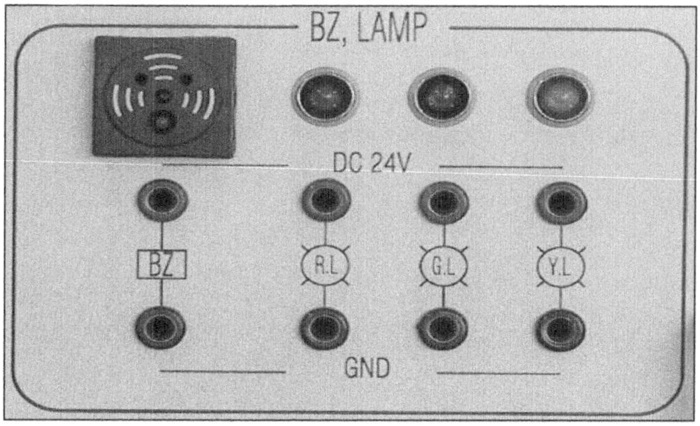

그림 2.33 부저 및 램프

이상에서 논의된 각종 기기의 기호를 요약하여 나타내면 그림 2.34와 같다.

NO	분류명칭		기호	부호
1	나이프 스위치			KS
2	퓨즈		개방형 포장형	F
3	수동 조작 자동 복귀 접점 (누름버튼 스위치)		a접점 b접점	PB
4	조작 스위치 잔류 접점 (셀렉터 스위치)		a접점 b접점	COS
5	기계적 접점 (리밋 스위치)		a접점 b접점	LS
6	플로 스위치		a접점 b접점	FLS
	압력 스위치		동작에 따라 개폐 전환	PRS
7	릴레이	코일		R
		자동 복귀 접점	a접점 b접점	R CR
		수동 복귀 접점 (열동 접점)	a접점 b접점	THR
8	타이머	코일		TR
		한시 동작	a접점 b접점	TR
		한시 복귀	a접점 b접점	TR
		한시 동작 복귀	a접점 b접점	TR
9	전동기			M
10	변압기			T
11	전자코일 (솔레노이드)			SOL
12	전자코일 (클러치/브레이크)			MC MB
13	저항	고정		RES
		가변		RH
14	정류기			REC
15	열동릴레이			OL
16	부저			RZ
17	표시등			LT L
18	배선의 교차		비교차 교차	

그림 2.34 각종 기기에 대한 기호

II-3 논리회로와 부울대수

시퀀스제어 회로에는 제어 내용을 구현하기 위하여 다양한 논리회로가 사용된다. 논리회로는 대수식으로 표현할 수 있으며, 이 대수식을 부울대수식이라 하고, 부울대수식으로 표현한 식을 일반적으로 논리식이라 부른다. 본 절에서는 기본적인 논리회로와 부울대수에 관하여 설명한다.

무접점 시퀀스제어의 논리회로에서 입력과 출력의 상태를 판단하는 데는 전압의 H(High) 레벨과 L(Low) 레벨이 있으며, 유접점 시퀀스제어의 논리회로에서는 접점의 개/폐, 코일의 소자/여자 등으로 상태를 표시하며 무접점, 유접점의 공통적인 논리 표시로 "0"과 "1"을 사용한다.

0 ····· L 레벨, 접점 OPEN, 코일 소자

1 ····· H 레벨, 접점 CLOSE, 코일 여자

2.3.1 부정(NOT) 연산

2개의 변수 A와 S가 있을 때, A가 아니면 S이다. 또는 A이면 S가 아닌 경우에 A와 S는 부정 관계에 있다고 한다. 즉, A가 "1"이면 S는 "0", A가 "0"이면 S는 "1"이 된다. 부정의 논리식은 $S=\overline{A}$로 표시한다.

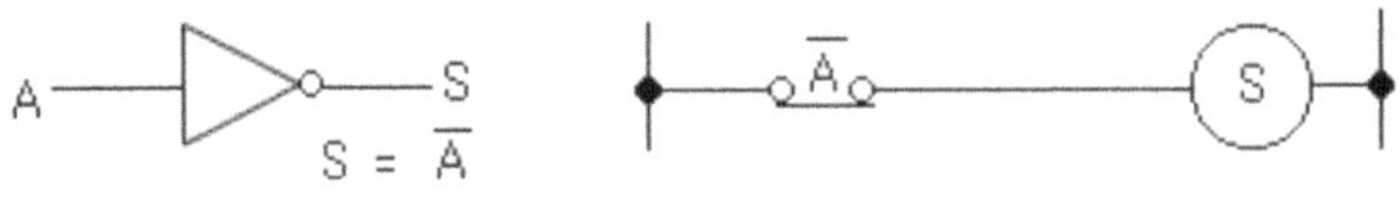

A	S = $\overline{A}$
0	1
1	0

그림 3.1 부정(NOT) 연산

2.3.2 논리곱(AND) 연산

3개의 변수 A, B, S의 관계에서 A와 B가 동시에 성립할 때, S가 성립하면 S는 A와 B의 논리적(論理積)이라고 한다. 즉, S가 "1"이 되기 위해서는 A가 "1"이고 동시에 B가 "1"이 되어야 한다. 즉, AND회로의 논리식은 입력의 곱으로 출력에 나타난다. 논리적의 논리식은 $S = A \cdot B$로 표시한다.

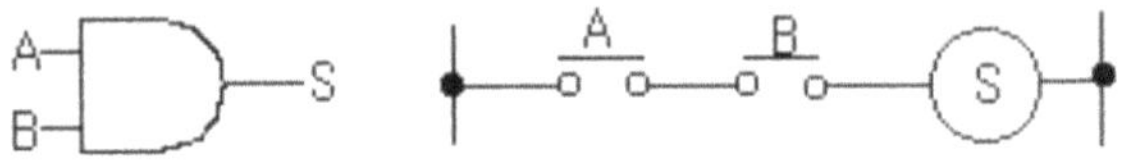

A	B	S
0	1	0
0	1	0
1	0	0
1	1	1

그림 3.2 논리적(AND) 연산

2.3.3 논리합(OR) 연산

3개의 변수 A, B, S의 관계에서 A와 B 중에서 어느 한쪽만이 성립할 때에도, S가 성립하면 S는 A와 B의 논리합(論理合)이라고 한다. S가 "1"이 되기 위해서는 A가 "1" 또는 B가 "1"이면 된다. 즉, OR회로의 논리식은 입력의 합이 출력으로 나타난다. 논리합의 논리식은 S=A+B로 나타낸다.

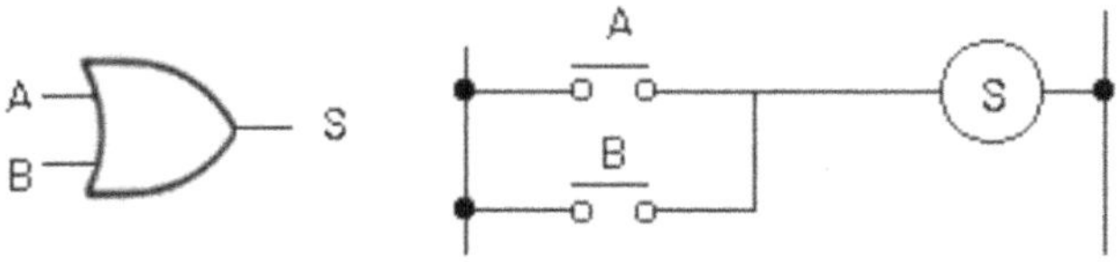

A	B	S
0	0	0
0	1	1
1	0	1
1	1	1

그림 3.3 논리합(OR) 연산

2.3.4 부울대수의 공리

부울대수는 다른 대수와 마찬가지로 여러 개의 기호와 규칙들로 이루어져 있다. 부울대수에서 다루는 기호는 앞에서 설명한 NOT, AND, OR 등이 있고, 이 기호들이 포함된 기본적인 공리(公理, postulate)에는 4가지가 있다.

[공리 1] 부울대수에서 사용되는 모든 변수는 2개의 값 "0" 또는 "1" 중 하나만 가질 수 있다.
예컨대, 어떤 변수 A는 1이 아니면 0, 0이 아니면 1이다.

[공리 2] 부정의 동작은 변수 위에 기호 " ¯ "로 표시하고, 다음과 같이 정의된다.
부울변수 = 0일 때 = 1
부울변수 = 1일 때 = 0

[공리 3] 논리연산 AND는 기호 "∧"로 나타내고, 다음과 같이 정의된다.
$0 \wedge 0 = 0$
$0 \wedge 1 = 0$
$1 \wedge 0 = 0$
$1 \wedge 1 = 1$

[공리 4] 논리연산 OR는 기호 "+"로 나타내고, 다음과 같이 정의된다.

$$0 + 0 = 0$$
$$0 + 1 = 1$$
$$1 + 0 = 1$$
$$1 + 1 = 1$$

2.3.5 부울대수의 기본 법칙

이들 공리를 기초로 하여 교환법칙, 분배법칙, 누승법칙, 보원법칙, 0과 1에 관한 법칙, 흡수의 법칙, 자기쌍대 등 부울대수의 기본법칙들이 만들어진다. 이들 법칙을 이용하면 복잡한 논리식을 보다 간편하게 구현할 수 있다.

이들 법칙에 관한 논리식과 접점 회로를 표 3.1에 나타내었다.

표 3.1 부울대수의 기본 법칙에 대한 논리식과 접점회로

법칙	공식	논리식	접점회로(좌변)	접점회로(우변)
교환법칙	1a	A + B = B + A	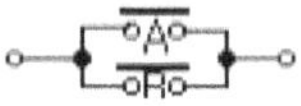	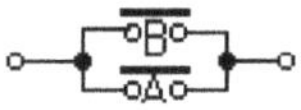
	1b	A • B = B • A	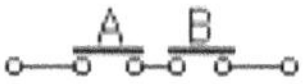	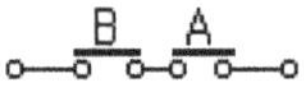
결합법칙	2a	(A+B) + C = A + (B+C)		
	2b	(A•B) • C = A • (B•C)		
분배법칙	3a	A • B + A • C = A(B+C)	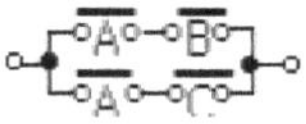	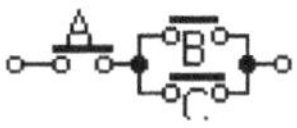
	3b	(A+B) • (A+C) = A + B • C	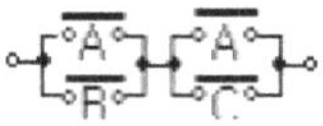	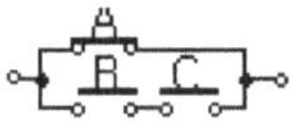
누승법칙	4a	A + A = A	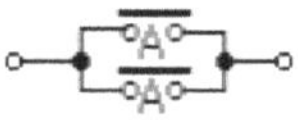	
	4b	A • A = A		

표 3.1 부울대수의 기본 법칙에 대한 논리식과 접점회로(계속)

<table>
<tr><td rowspan="2">보원법칙</td><td>5a</td><td>$A + \overline{A} = 1$</td><td></td><td>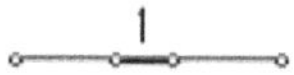</td></tr>
<tr><td>5b</td><td>$A \bullet \overline{A} = 0$</td><td></td><td></td></tr>
<tr><td rowspan="4">0과 1에 관한 법칙</td><td>6a</td><td>$A + 0 = A$</td><td>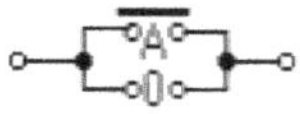</td><td></td></tr>
<tr><td>6b</td><td>$A \bullet 1 = A$</td><td>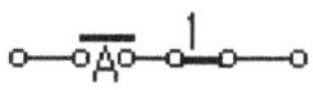</td><td></td></tr>
<tr><td>7a</td><td>$A + 1 = 1$</td><td>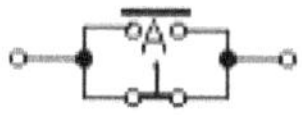</td><td></td></tr>
<tr><td>7b</td><td>$A \bullet 0 = 0$</td><td></td><td></td></tr>
<tr><td rowspan="9">흡수법칙</td><td>8a</td><td>$A + A \bullet B = A$</td><td>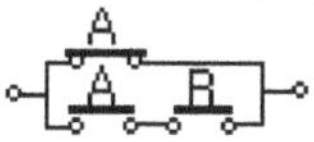</td><td></td></tr>
<tr><td>8b</td><td>$A \bullet (A + B) = A$</td><td>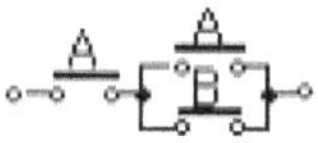</td><td></td></tr>
<tr><td>9a</td><td>$A \bullet \overline{B} + B = A + B$</td><td>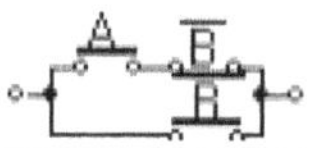</td><td>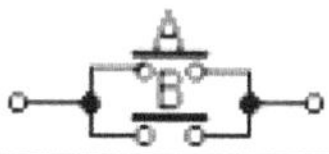</td></tr>
<tr><td>9b</td><td>$(A+\overline{B}) \bullet B = A \bullet B$</td><td>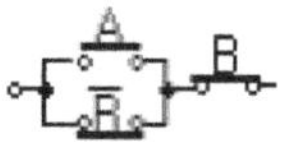</td><td>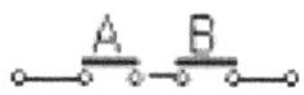</td></tr>
<tr><td>10a</td><td>$(A+B) \bullet (B+C) \bullet (C+\overline{A})$
$(A+B) \bullet (C+\overline{A})$</td><td>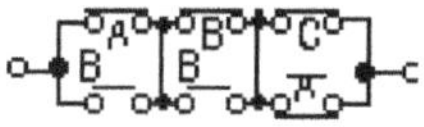</td><td>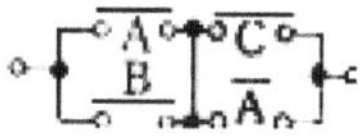</td></tr>
<tr><td>10b</td><td>$A \bullet B + B \bullet C + C \bullet \overline{A}$
$= A \bullet B + C \bullet \overline{A}$</td><td>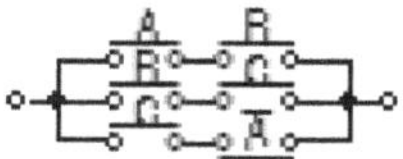</td><td>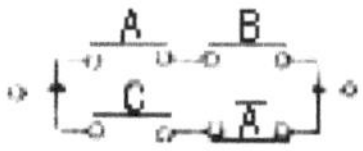</td></tr>
<tr><td>10c</td><td>$(A+B) \bullet (\overline{A}+C)$
$= A \bullet C + \overline{A} \bullet B$</td><td>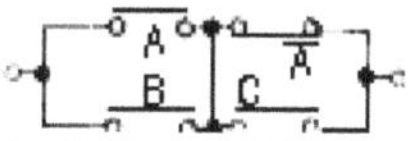</td><td>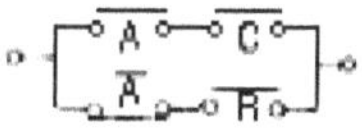</td></tr>
<tr><td>자기쌍대</td><td>11</td><td>$(A+B) \bullet (B+C) \bullet (C+A)$
$= A \bullet B + B \bullet C + C \bullet A$</td><td>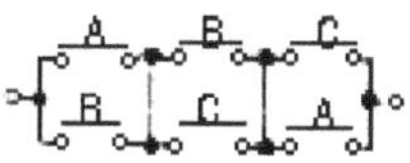</td><td></td></tr>
</table>

II-4 시퀀스제어 응용회로

2.4.1 실제 배선도와 시퀀스 회로도

시퀀스제어 내용은 시퀀스 회로도를 통해 표현된다. 따라서 우선 실제 배선도와 시퀀스 회로도의 차이점에 대하여 살펴보고 시퀀스 회로도의 작성법에 대해 간단히 언급한다. 그림 4.1에 실제 배선도와 시퀀스 회로도의 한 예를 보인다.

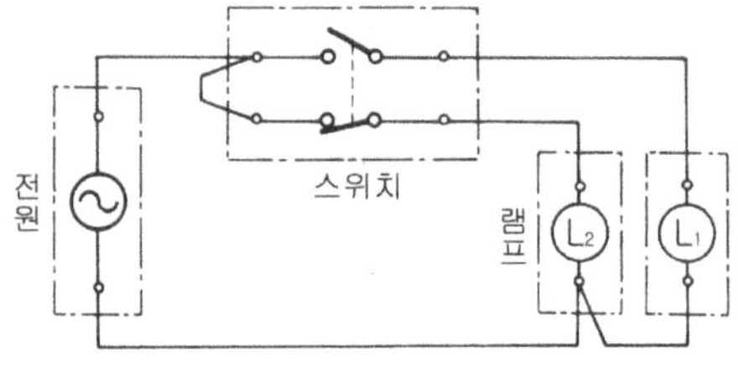

(a) 실제 배선도

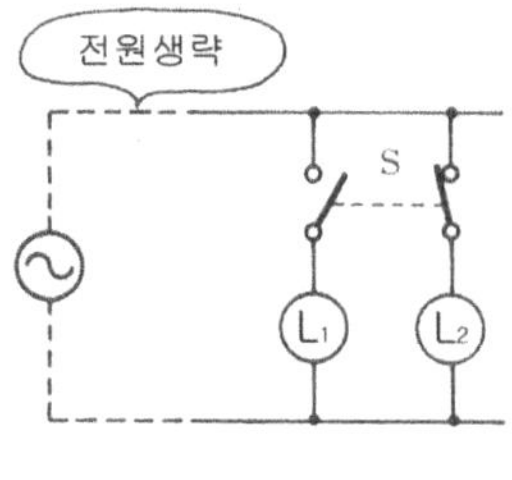

(b) 시퀀스 회로도

그림 4.1 실제 배선도와 시퀀스 회로도

실제 배선도는 그림 4.1의 (a)와 같이 기기의 접속 관계를 중심으로 연결 회로를 생략함이 없이 상세히 나타낸 것으로서, 실제 회로 배선 시 유용하게 활용된다. 반면에 그림 4.1 (b)는 실제 배선도를 간략화 한 것으로서 전원부는 생략하고 회로의 동작 내용이나 전류의 흐름 등을 알기 쉽도록 나타낸 회로도이다. 이하에서는 시퀀스 회로도를 중심으로 기술한다.

시퀀스 회로도 작성법은 종 방향 작성법(종서)과 횡 방향 작성법(횡서) 크게 두 가지로 나누어지며, 다음 사항을 공통적으로 적용한다.

① 상, 하 또는 좌, 우로 전원선(power line)을 긋고 이 사이에 접점 등을 분해해서 약속된 그림 기호로 기입한다.
② 상, 하로 전원선을 표시한 것을 종 방향 시퀀스 회로도, 좌우로 표시한 것을 횡 방향 시퀀스 회로도(이하 시퀀스도)라 한다.
③ 이 두 전원선을 제어모선(制御母線)이라 하고, 교류의 경우 R, T로, 직류인 경우 P, N으로 각각 표시한다.
④ 각 기기는 그림 기호를 이용하며 동작 순서에 따라 기입한다.
⑤ 각 기기의 그림 기호는 기기를 조작하지 않았을 때의 상태를 기준으로 나타내고 기기를 구분하기 위해 문자 기호를 첨가한다.

이상의 시퀀스도 작성법에 따른 시퀀스도의 한 예를 그림 4.2에 보인다.

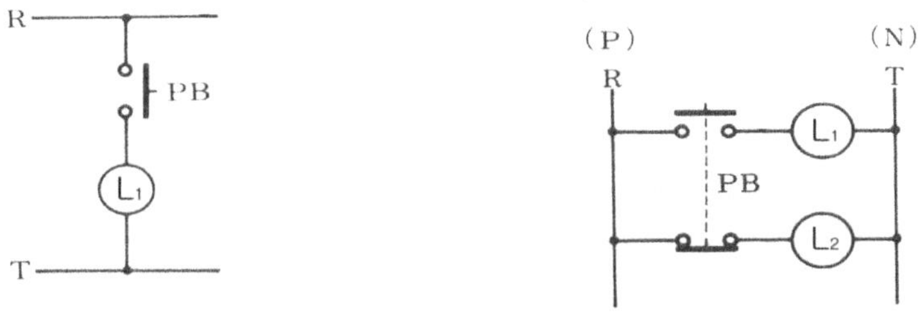

그림 4.2 시퀀스 회로도의 작성법

2.4.2 시퀀스 회로도(시퀀스도) 작성법

시퀀스 회로도 작성법을 보다 구체적으로 요약하면 다음과 같다.

① 제어기기를 연결하는 접속선은, 상하 전원 모선 사이에 수선으로, 또는 좌우 전원 모선 사이에 수평선으로 표시한다.

② 제어 전원 모선은 전원 도선으로 도면 상하에 가로선으로, 또는 도면 좌우에 세로선으로 표시한다.
③ 접속선은 작동 순서에 따라 왼쪽에서 오른쪽으로, 또는 위에서 아래로 그린다.
④ 제어기기는 비작동 상태를 기준으로 하며, 모든 전원은 차단한 상태로 표시한다.
⑤ 개폐 접점을 가진 제어기기는 그 기구 부분이나 지지 보호 부분 등의 기계적 관련 상태를 생략하고 접점 및 코일 등으로 표시하며, 접속선에서 분리하여 표시한다.
⑥ 제어기기가 분산된 경우, 각 부분에는 그 제어기기명을 표시한 문자 기호를 첨가하여 기기의 관련 상태를 표시한다.

(1) 종서 시퀀스도의 작성

종서 시퀀스도는 아래의 규칙을 준용하여 그린다.

① 제어 전원 모선은 도면의 상하 방향에서 가로로 그린다.
② 접속선은 제어 전원 모선 사이를 연결하여 세로로 그린다.
③ 접속선은 작동 순서에 따라 왼쪽에서 오른쪽으로 그린다.

이상의 시퀀스도 작성법에 따라 작성한 한 예를 그림 4.3에 보인다.

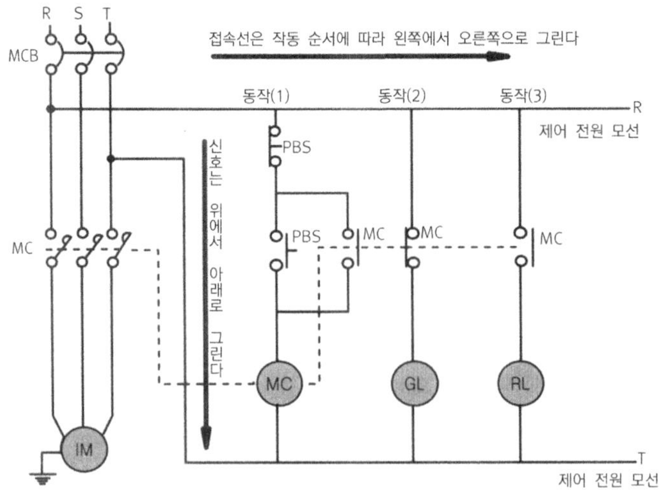

그림 4.3 종서 시퀀스도의 작성

(2) 횡서 시퀀스도의 작성

횡서 시퀀스도는 아래의 규칙을 준용하여 그린다.

① 제어 전원 모선은 도면의 좌우 방향에서 세로로 그린다.
② 접속선은 제어 전원 모선 사이를 연결하여 가로로 그린다.
③ 접속선은 작동 순서에 따라 위에서 아래로 그린다.

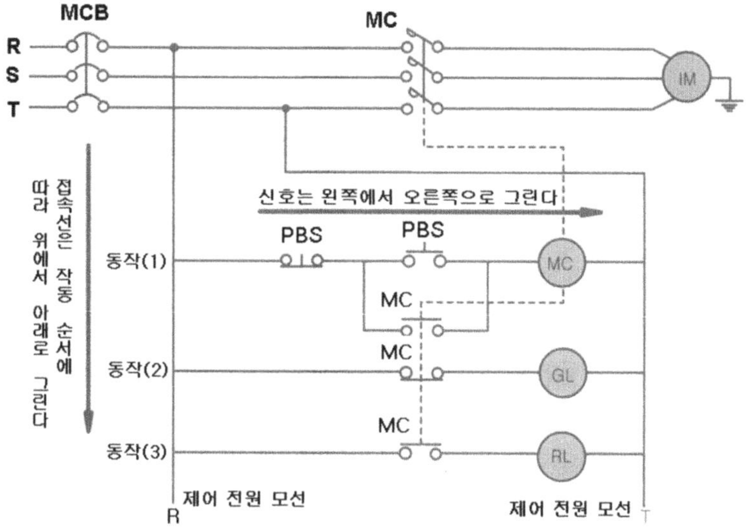

그림 4.4 횡서 시퀀스도의 작성

2.4.3 논리회로의 시퀀스도

2.3장에서 서술한 논리회로의 종서 시퀀스도를 그림 4.5에 나타내었다. 또한, 그 동작에 대해서도 간단히 서술한다.

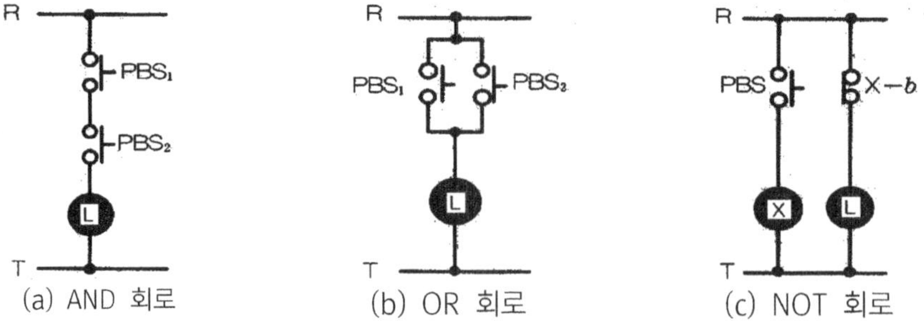

그림 4.5 논리회로의 시퀀스도

① AND 회로는 입력 스위치나 접점이 직렬로 연결되어 모두 닫힐 경우에만 동작되는 회로. 즉, PBS1 및 PBS2가 동시에 닫혀야만 L(Lamp)이 점등된다.

② OR 회로는 입력 스위치나 접점이 병렬로 연결되어 둘 중에 1개만 닫혀도 출력이 동작되는 회로이다. 즉, PBS1 및 PBS2 가운데 어느 하나만 닫혀도 L(Lamp)이 점등된다.

③ NOT 회로는 입력 스위치나 접점이 닫히면 출력은 열린 상태가 되고, 그 반대가 되면 출력이 닫힌 상태가 된다. 즉, 전원이 인가되면 입력 스위치 PBS1을 누르지 않은 상태에서 L이 점등된다. 역으로 PBS1을 눌러 코일 X가 여자되면 b접점(X-b)이 떨어져 L이 소등된다.

이와 같은 기본 논리회로 이외에도 NAND 및 NOR 회로가 있다. 이를 그림 4.6에 나타낸다.

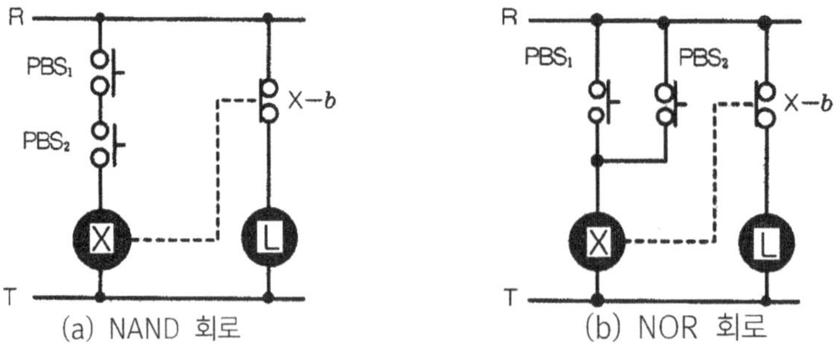

그림 4.6 NAND 및 NOR 회로

① NAND 회로는 입력 스위치나 접점이 모두 닫힐 경우에만 출력이 열린 상태로 동작하는 회로이다.

② NOR 회로는 입력 스위치나 접점 2개 중에서 1개만 닫혀도 출력이 열린 상태로 동작하는 회로이다.

II-5 응용회로

2.5.1 자기 유지 회로

푸시버튼 스위치(PBS)의 특성은 스위치를 누르고 있는 동안은 접점이 닫혀 작동하지만, 손을 떼는 순간 스위치의 접점은 떨어져 버리게 된다. 따라서 PBS를 눌러 기동 지령을 줄 때, 스위치에서 손을 떼더라도 회로가 작동할 수 있도록 작동 스위치 PBS_1과 병렬로 접점 X_1을 설계하게 되는데 이를 자기 유지 접점이라 하고 이러한 회로를 자기 유지 회로라 한다. 이 회로의 동작 원리를 이하에 간단히 설명한다.

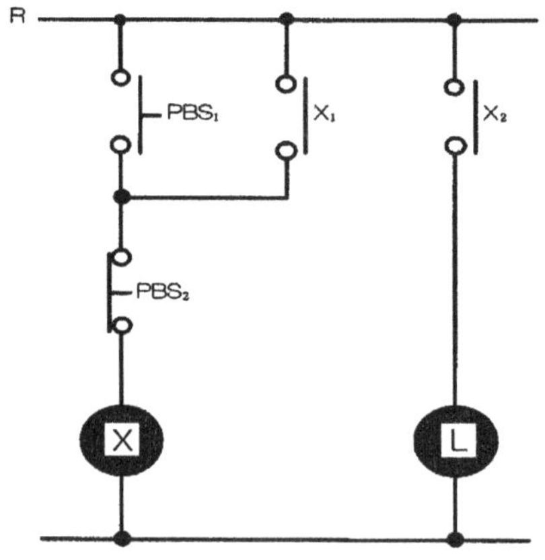

그림 5.1 자기 유지 회로

① 스위치 PBS_1과 PBS_2를 동시에 누르면 계전기의 코일 X는 동작하지 않는다.

② PBS_1을 눌러 코일 X가 여자되면 이때 접점 X_1과 X_2는 닫히게 되는데 PBS_1으로부터 손을 떼더라도 자기 유지 접점 X_1이 붙어 있게 되어 회로는 안정적으로 동작하게 되며 L이 점등된다.

③ 안정성이 있으며, 주로 전동기 기동제어 회로에 많이 쓰인다.

④ 스위치 PBS_2를 누르면 코일 X가 소자되어 L이 소등된다.

자기 유지 회로 가운데 기동 우선 기억 회로에 대해 설명한다.

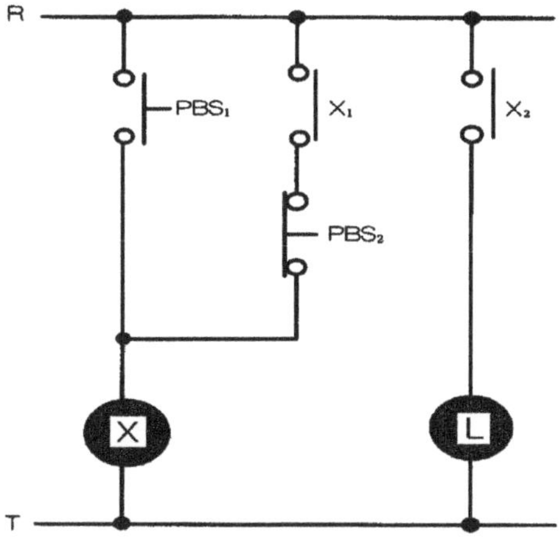

그림 5.2 기동 우선 회로

① 스위치 PBS_1과 PBS_2를 동시에 누르면 계전기의 코일 X는 동작한다. 즉, 기동 지령에 해당하는 PBS_1이 우선적으로 입력된다.

② 순서 제어 또는 선택 우선 회로에 사용된다.

2.5.2 인터록(interlock) 회로

인터록 회로는 동시 동작 금지 회로로서 한 동작을 수행하고 있는 동안 동시에 다른 동작이 병렬적으로 일어나지 못하도록 금지시킨다. 전동기의 정·역 운전(정회전과 역회전) 회로 등에 사용된다.

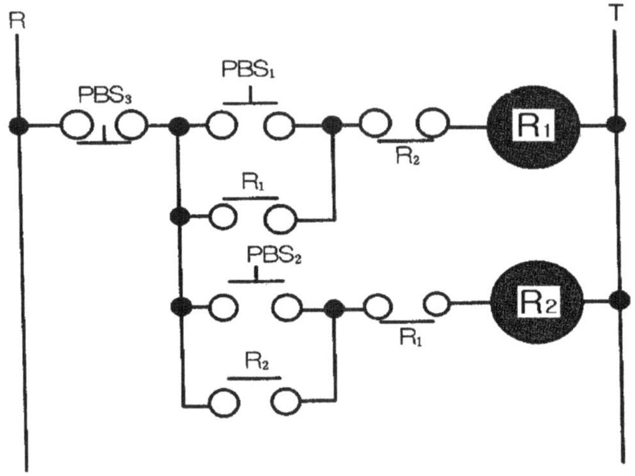

그림 5.3 인터록 회로

스위치 PBS_1이 입력되면 코일 R_1이 여자되어 자기 유지 접점인 R_1이 붙고 동시에 코일 R_2로 향하는 b접점 R_1이 떨어지게 된다. 역으로 스위치 PBS_2가 입력되면 코일 R_2의 여자로 자기 유지 접점 R_2가 붙음과 동시에 코일 R_1으로 향하는 b접점인 R_2 접점을 떨어지게 한다. 이처럼 선 입력 우선 회로로서 인터록 회로는 먼저 입력된 자기 쪽 코일이 여자될 때 상대측 코일은 동시에 여자가 되지 못하도록 금지시키는 역할을 한다. 이러한 회로의 응용 예를 그림 5.4에 보인다.

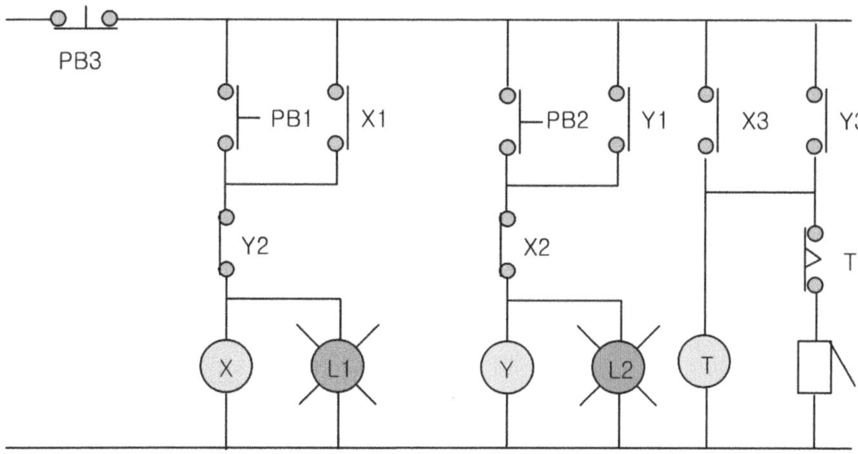

그림 5.4 선 입력 우선 회로의 인터록 회로

이 회로의 동작은 먼저 입력되는 스위치에 의해 L_1 또는 L_2가 점등하게 되고 타이머에 설정된 T시간만큼 부저 BZ가 울리게 된다. 먼저 입력되는 스위치 쪽을 우선적으로 처리하되, L_1과 L_2는 절대로 동시에는 작동되지 못하도록 상대측 코일로 향하는 곳에 직렬로 b접점을 설계하여 인터록을 설정해 두고 있다. 스위치 PBS_3에 의해 회로가 차단된다.

2.5.3 우선 회로(직렬 우선 회로)

전원측에 가까운 계전기부터 순차적으로 동작이 진행되어 나가는 회로로서, 기동 회로, 비상 정지 회로에 주로 사용된다.

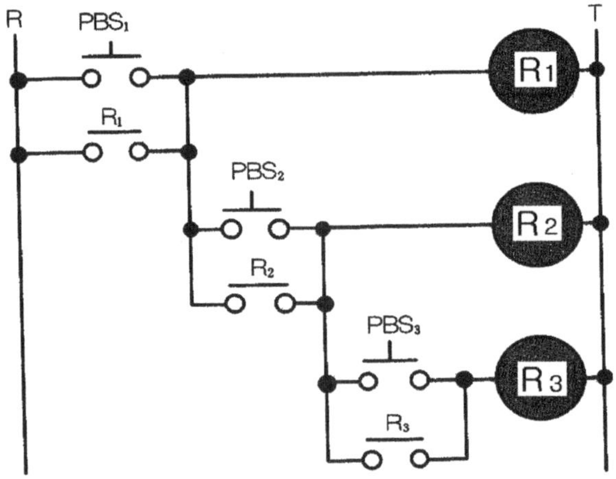

그림 5.5 직렬 우선 회로

2.5.4 전동기 제어 회로

전동기는 사람을 대신하여 일을 자동으로 해 주는 액추에이터(actuator)로서 시퀀스 제어 기기의 분류상 제어조작용 기기에 속한다. 공장자동화의 최하위 필드 레벨에서 부하 구동용으로 광범위하게 사용되어지고 있어 그 중요성이 매우 높다. 특히 3상 유도전동기가 가장 많이 이용되며, 용도에 따라서는 단상 유도전동기도 이용되고 있다. 이하에서는 전동기 제어의 기본 회로를 포함한 응용회로에 대해 상세히 살펴보기로 한다.

그림 5.6에 전동기의 수동제어에 이용되는 기본 회로를 우선 보인다. (a)는 나이프 스위치로서 회로의 개폐를 하게 되며, 퓨즈가 끊어질 때마다 교환해야 하는 번거로움이 있다. (b)는 배선용 차단기를 이용한 것으로서 전류의 과부하 등으로 회로가 차단되면 차단기의 재투입 수동 조작으로 다시 사용할 수 있으므로 (a)에 비해 편리하다. 또한 (c)는 배선용 차단기와 전자접촉기(MC)를 동시에 사용한 것으로서 간접적 수동 조작에 해당한다.

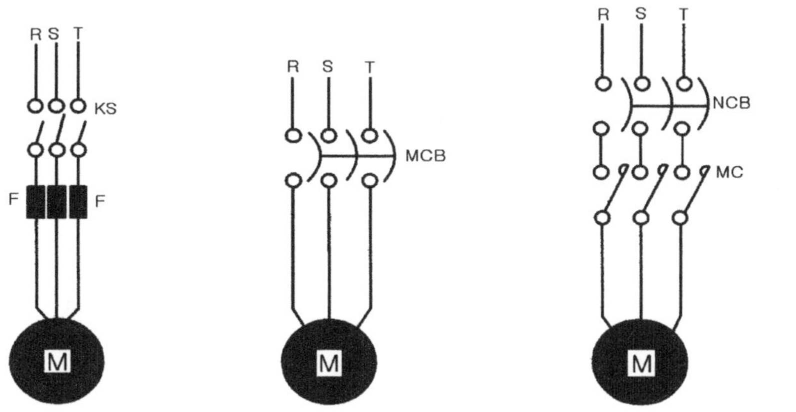

(a) 나이프S/W (b) 배선용 차단기 (c) 배선용 차단기와 MC

그림 5.6 전동기 제어의 기본 회로(수동제어)

그림 5.7에 단상 AC 220 V용 전동기의 원격 조작회로를 보인다.

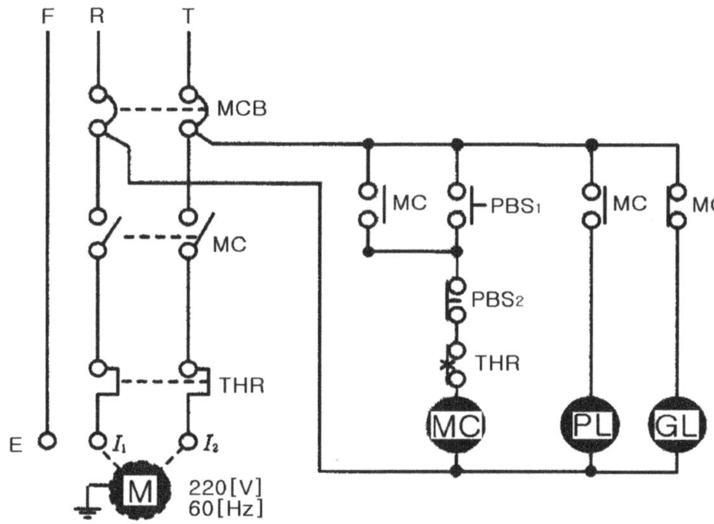

그림 5.7 전동기 제어의 기본 회로(원격제어)

① 배선용 차단기 MCB를 ON 하면 GL이 점등함.

② PBS_1을 ON 하면 코일 MC가 여자되어 접점 MC가 닫히고 전동기가 운전되며 PL은 점등, GL은 소등된다.

③ PBS_2를 OFF 하면 코일 MC가 소자되어 접점 MC가 떨어지게 되므로 전동기가 정지되고, PL은 소등, GL은 점등된다.

④ 전동기가 과부하 상태로 되면, THR(THermal Relay)이 작동하여 전동기가 정지된다.

⑤ 일정 시간이 지난 후에 THR의 레버를 작동하여 초기 상태로 만든다.

이제 좀 더 복잡한 보다 실용적인 전동기 회로에 대해서 살펴보기로 한다.

(1) 3상 유도전동기의 2개소 기동 운전 회로

그림 5.8은 기동과 정지 지령을 각기 다른 2개소에서 제어할 수 있는 회로이다.

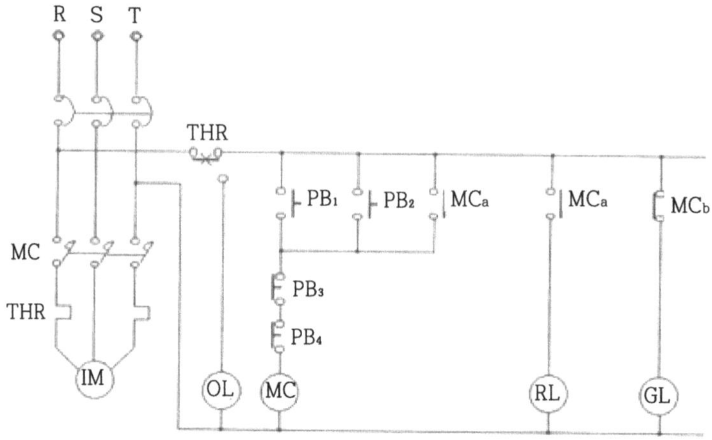

그림 5.8 3상 유도전동기의 2개소 기동 운전 회로

① THR : thermal relay, OL, RL, GL : 표시 Lamp임.

② PB_1이나 PB_2로 기동하고, PB_3나 PB_4로 정지함.

③ 정지시 GL 점등, 운전중 RL 점등, 과부하 정지시 OL(Over Load)이 점등하도록 작동함.

(2) 3상 유도전동기의 촌동 및 연속 운전 회로

그림 5.9에 3상 유도전동기의 촌동 및 연속 운전 회로를 보인다.

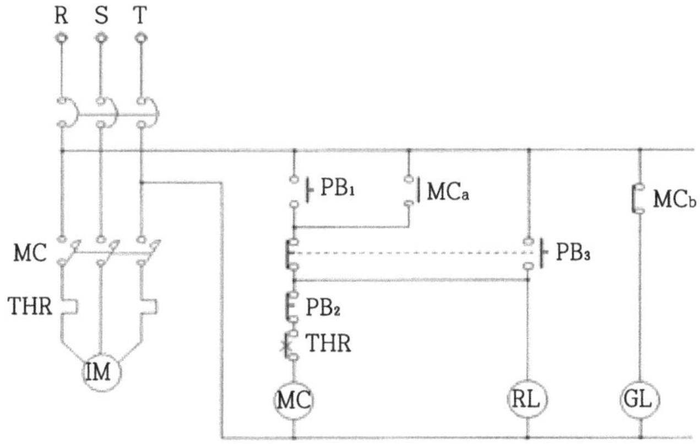

그림 5.9 3상 유도전동기의 촌동 및 연속 운전 회로

① PB_1이 OFF 시 PB_3를 이용하여 촌동 운전이 가능함.

② PB_1을 이용하여 정상적인 연속 운전이 가능함.

(3) 3상 유도전동기 정·역 운전

그림 5.10에 3상 유도전동기의 정회전, 역회전 운전 회로를 보인다.

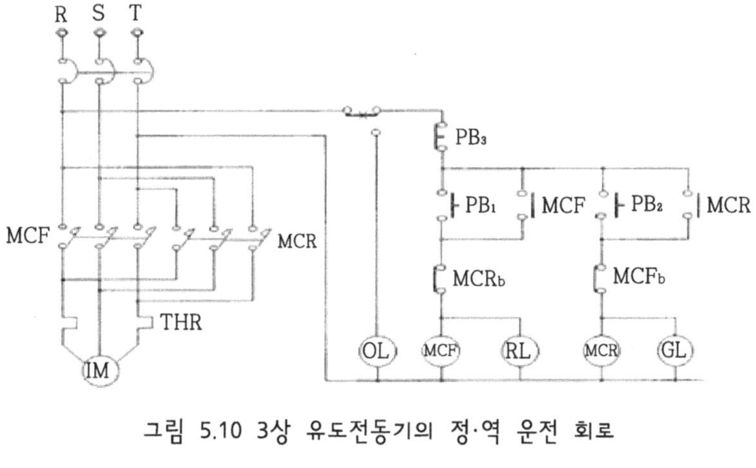

그림 5.10 3상 유도전동기의 정·역 운전 회로

① 3상 전원 중 MCR을 이용하여 유도전동기의 3선 가운데 2개의 선을 바꿈으로써 역회 전 운전이 가능해진다.

② PB_1 : 정방향 운전, PB_2 : 역방향 운전, PB_3 : 정지

(4) 3상 유도전동기의 Y-Δ 운전

3상 유도전동기를 기동할 시에는 정지관성 부하를 이겨야 하므로 정상 상태의 운전 시에 비해 전류가 5∽7배 더 흐르게 된다. 따라서 기동 시에는 상전압이 선간전압의 $1/\sqrt{3}$이 걸리는 Y 결선(동일 극성끼리 한 점에 결선)으로 먼저 기동하고, 정상 운전상태로 되면 상전압과 선간전압이 동일한 Δ 결선(다른 극성 끼리 연결)으로 전환하여 운전을 계속하게 된다. 현재는 인버터를 이용하여 과전류가 흐르지 않도록 부드럽게 기동을 하고 있으나, 인버터를 부착하지 않을 시 대부분 이와 같은 회로를 이용하여 회로에 과전류가 흐르는 것을 방지하고 있다.

그림 5.11에 실제 회로도의 한 예를 보인다.

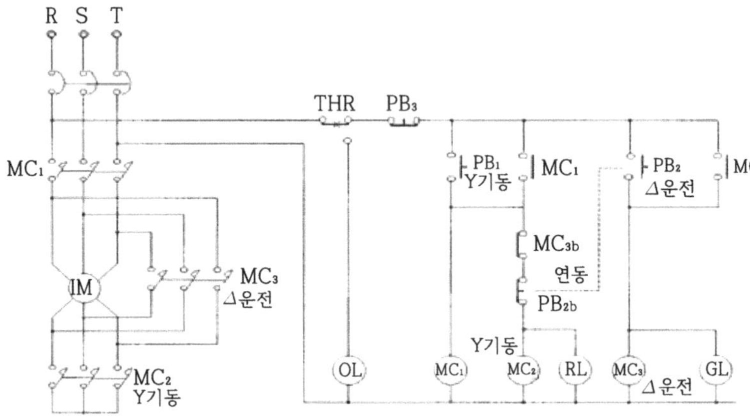

그림 5.11 3상 유도전동기의 정·역 운전

부록Ⅲ PLC 작동법

Ⅲ-1 PLC의 소개

3.1.1 PLC의 정의

PLC는 마이크로프로세서(microprocessor) 및 메모리를 중심으로 구성되어 인간의 두뇌 역할을 하는 중앙처리장치(CPU), 외부 기기와의 신호를 연결시켜주는 입·출력부, 각부에 전원을 공급하는 전원부, PLC 내의 메모리에 프로그램을 기록하는 주변 장치로 구성되어 있다. 그림 1.1은 PLC의 전체 구성도를 나타낸 것이다.

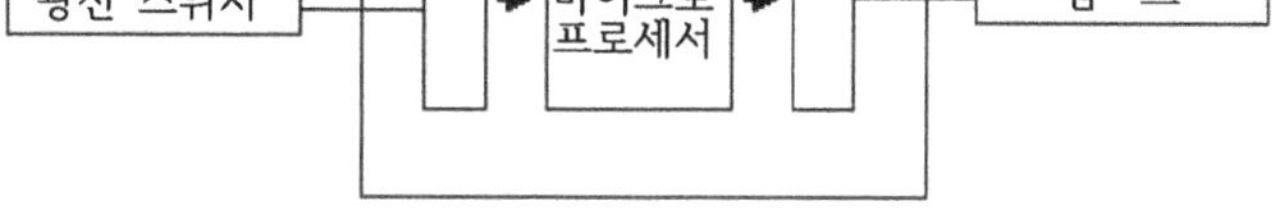

그림 1.1 PLC의 전체 구성도

3.1.2 PLC의 연산 처리 방법

PLC의 연산 처리 방법으로는 일반적으로 3가지가 있다. 그 가운데 실험에 사용된 장치의 연산 처리 방식은 일괄 입•출력(referesh)방식이다. 입력 리프레시(refresh) 과정을 통해 입력의 상태를 CPU가 인식하고, 인식된 정보를 조건 또는 데이터로 이용하여 프로그램 처음부터 마지막까지 순차적으로 연산을 실행하고 출력 리프레시(refresh)를 한다. 이러한 동작은 고속으로 반복되는데 이러한 방식을 '반복 연산 방식'이라 하고 전체 프로그램을 실행하는 데 걸리는 시간을 '1 스캔 타임'(1 연산 주기)이라고 한다.

그림 1.2는 일괄 입•출력(referesh) 연산 처리 방식을 나타낸 것이다.

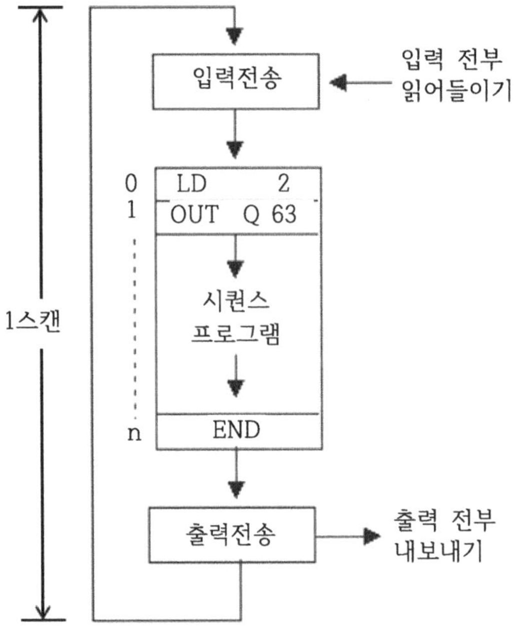

그림 1.2 PLC 연산 처리

3.1.3 PLC 슬롯 시스템 구성

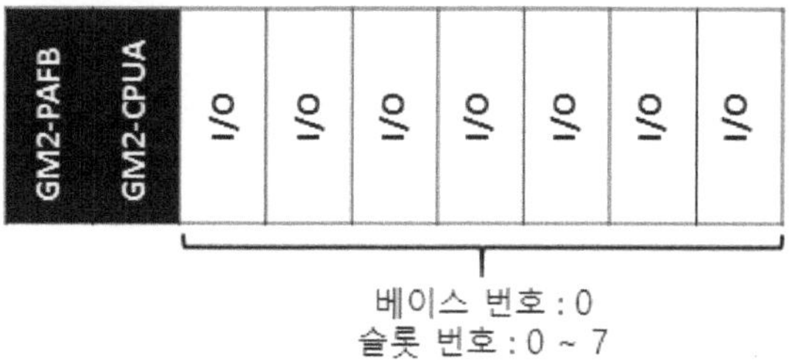

그림 1.3 GM2 슬롯 시스템 구성

(1) 베이스 번호

CPU가 장착되어 있는 베이스(기본 베이스)를 0번 베이스라 하며, 증설 시스템을 구성했을 때 기본 베이스에 접속된 순서에 따라 베이스 번호가 증가한다.

(2) 슬롯 번호

슬롯 번호는 기본 베이스의 경우 CPU 우측이 0번이 되며 우측으로 진행하며 번호가 1씩 증가하게 된다. 증설 베이스의 경우 전원부 우측이 0번이 되며, 우측으로 진행하며 번호가 1씩 증가한다.

3.1.4 PLC 모듈의 기능

(1) CPU : GM2-CPUA

GM2-CPUA 모듈에서 운전모드 설정이 가능하고, 운전모드는 RUN, STOP, REMOTE, PAUSE로 나누어진다.

1) RUN 모드(RUN)

RUN 모드는 PLC의 CPU가 정상적으로 프로그램 연산을 수행하는 모드이다.

2) STOP 모드(STOP)

STOP 모드는 PLC의 CPU가 프로그램의 연산을 멈추고 출력을 정지시키는 모드이다.

3) REMOTE 모드

REMOTE 모드는 소프트웨어인 GMWIN에서 PLC의 모드를 변경할 수 있는 모드이다. 즉, GMWIN에서 PLC를 RUN시키거나 STOP시킬 수 있는 모드이다.

4) PAUSE 모드

PAUSE 모드는 PLC의 CPU가 연산을 멈추는 모드이다. 이때, 모든 데이터는 RUN 모드에서 PAUSE 모드로 전환되는 순간의 데이터를 유지한다.

그림 1.4는 CPU의 다양한 동작 모드를 나타내고 있다.

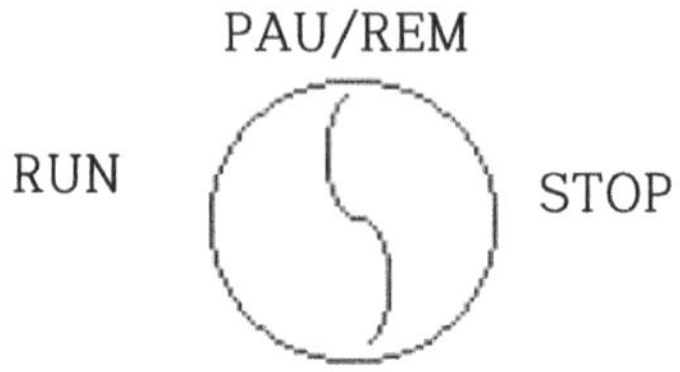

그림 1.4 CPU 동작 모드

(2) 출력모듈 : Q3Q-RY4A(릴레이 모듈)

부하를 설정된 채널에 연결하여 릴레이와 같이 사용할 수 있는 모듈이다. 그림 1.5는 이 모듈의 내부 회로를 나타내고, 그림 1.6은 이 모듈의 출력 채널과 그 배선도를 보여 준다.

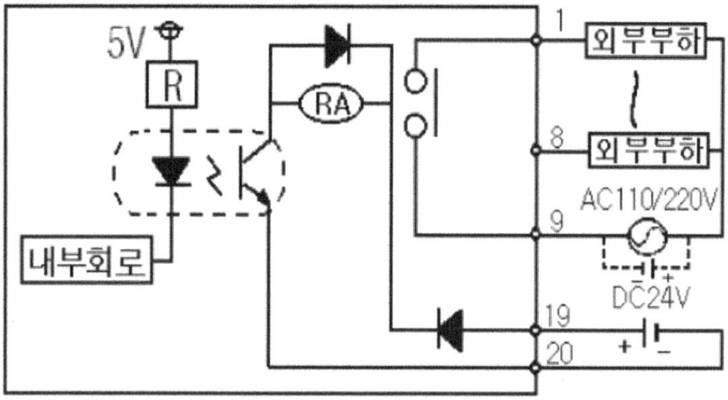

그림 1.5 Relay 출력 모듈의 내부 회로

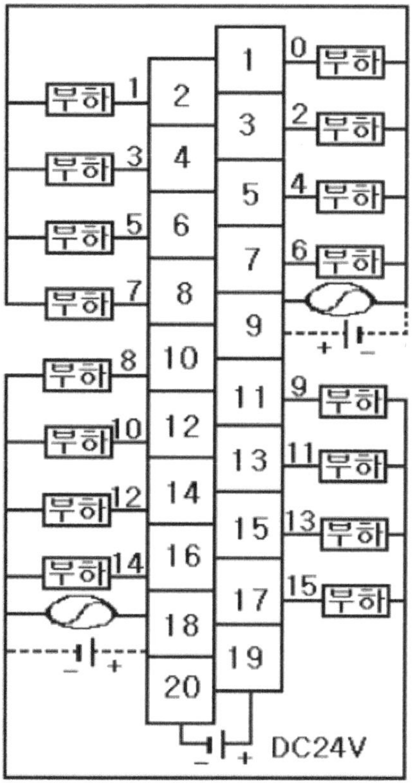

그림 1.6 G3Q-RY4A 외부 배선도(릴레이 타입)

(3) DA 변환 모듈 : G3F－DA41

D/A 변환기로서 디지털 입력을 아날로그 출력으로 바꿔주는 모듈이다. 그림 1.7은 D/A변환의 입·출력 변환 특성을 도시한 것이다.

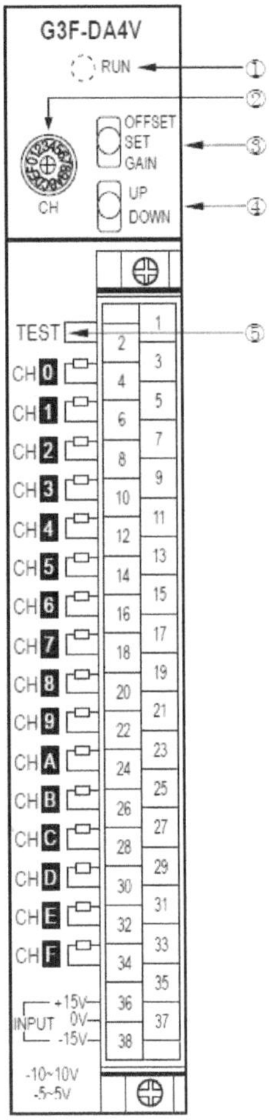

번호	내 용
①	RUN LED
	D/A 변환 모듈의 동작 상태를 표시 □ 점 등 : 정상 동작 중 □ 점 멸 : 에러 발생 □ 소 등 : DC 5V 단선, D/A 변환 모듈 이상
②	채널 선택 스위치
	테스트 모드에서 오프셋/게인을 조정하고자 할 때 채널을 선택하는 스위치설정 범위 : 0 ~ F (0을 선택하면 0번 채널의 오프셋/게인이 조정됨)
③	오프셋/게인 선택 스위치
	오프셋/세트/게인을 선택하는 스위치 □ 오프셋 위치 : 오프셋 값 조정 모드 □ 게인 위치 : 게인 값 조정 모드 □ 세트 위치 : 오프셋/게인 값 기억 모드 (오프셋/게인의 위치에서 세트 위치로 전환할 때 오프셋/게인 값이 D/A 변환 모듈의 내부 메모리에 기억됨)
④	업/다운 스위치
	채널 선택 스위치와 오프셋/게인 선택 스위치로 지정된 채널의 오프셋/게인 값을 변경하는 스위치
⑤	테스트 단자
	단자대 1,2를 연결하면 테스트 모드 단자대 1,2를 연결하지 않으면 노멀 모드

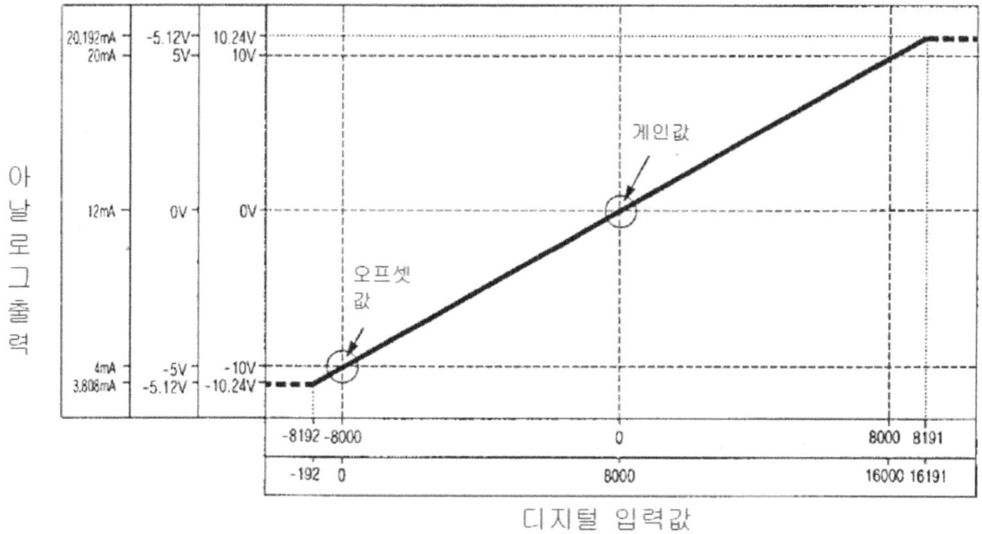

제품명	아날로그 출력 종류	최대 분해능
G3F-DA4I	DC 4~20 mA	1 μA

그림 1.7 D/A변환의 입·출력 변환 특성

표 1.1 입력 디지털 값과 대응하는 아날로그 전류 출력값 및 인버터 주파수

디지털 입력 값	아날로그 전류 출력값[mA]	인버터 주파수[Hz]
0	4	0
4000	8	15
8000	12	30
12000	16	45
16000	20	60

3.1.5 PLC와 PC의 연결 방법

프로그램의 작성, 디버깅(debugging), 실행 파일 조작에 사용되는 PC와 이 실행 파일을 연산, 조작, 처리하는 PLC의 연결 순서는 그림 1.8과 같이 3단계로 나누어진다.

1단계	PLC 통신 연결
• RS232 통신으로 PLC와 PC 연결 • PC에 설정된 직렬포트번호 설정	

⬇

2단계	PLC 모듈 정보 동기화
• GMWIN- 온라인 – I/O설정- I/O 동기화	

⬇

3단계	접속하기
• PLC- STOP으로 설정 후 GMWIN- 온라인의 접속	

그림 1.8 PLC와 PC의 연결 순서

(1) 1단계 : PLC 통신 연결

GMWIN에서 PLC로의 접속은 접속 방식과 접속 단계의 2가지 옵션을 미리 정해 주어야 한다. 접속 방식은 RS-232C를 이용한 방식, 접속 단계는 로컬 접속을 사용한다. 접속 옵션은 메뉴 [프로젝트]-[옵션]을 선택해서 설정한다.

1) 로컬 접속하기

그림 1.9와 같이 PLC와 PC의 RS-232C COM 포트(port) 간에 RS-232C 커넥터를 연결한다.

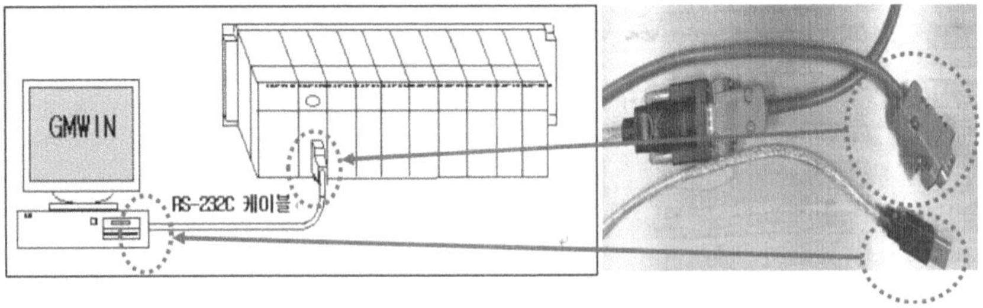

그림 1.9 PLC와 PC의 RS-232C 커넥터 연결

2) PLC 통신 연결

[프로젝트]-[옵션]을 선택하고 접속 옵션 탭을 선택하여 다음과 같이 설정하고, 통신 포트는 장치 관리자에서 직렬포트 번호를 반드시 확인한다.

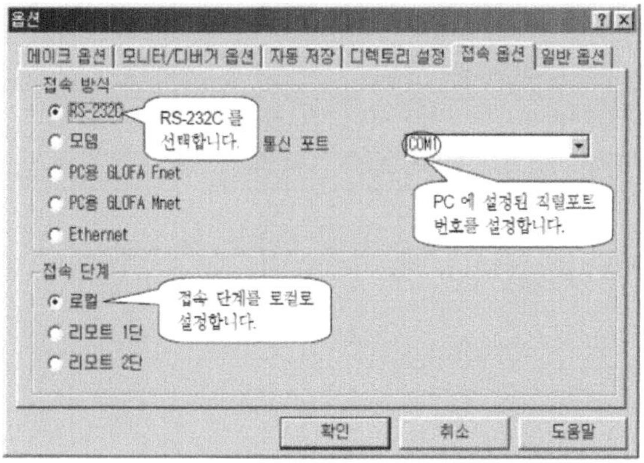

그림 1.10 [프로젝트]-[옵션] 설정 창

(2) 2단계 : PLC 모듈 정보 동기화 (I/O 파라미터)

I/O 파라미터는 PLC가 연산을 수행하기 전에 각 슬롯에 장착되어 있는 모듈의 정보를 CPU에 알려주는 파라미터이다. GM2 기종에서 I/O 파라미터를 설정하지 않으면 "모듈 불일치 에러"라는 에러가 발생하므로 반드시 모듈 동기화를 진행한다.

I/O 파라미터 설정은 [온라인]-[I/O 설정]-[I/O 동기화]를 클릭하면 이루어진다.

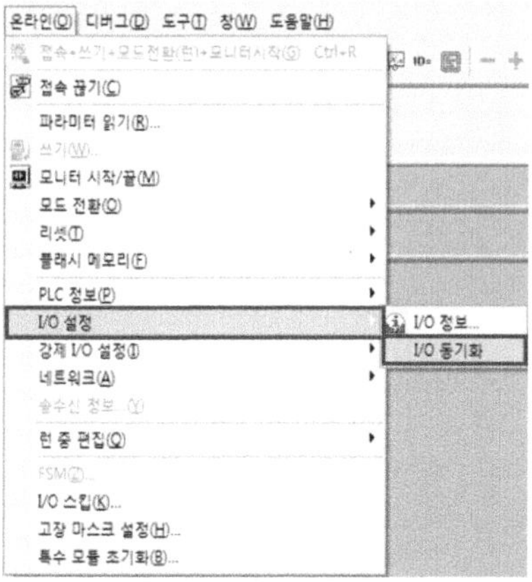

그림 1.11 [온라인]-[I/O 설정]-[I/O 동기화] 창

(3) 3단계 : 접속하기

[온라인 메뉴]-[접속]을 클릭하여 접속이 이루어지면 결과 창에 접속되었다는 메시지가 다음과 같이 나타나고, PC에서 작성한 프로젝트를 PLC로 전송할 준비가 완료된다.

그림 1.12 접속 완료 창

Ⅲ-2 프로그래밍

3.2.1 프로그래밍 순서

GMWIN 프로그램을 이용하여 PLC 프로그램을 작성하는 순서는 그림 2.1과 같이 6단계로 나누어진다.

1 단계	프로젝트 만들기

- 프로젝트 이름 입력
- PLC 종류(GM2) 선택

⬇

2 단계	프로그램 만들기

- 프로그램 이름 입력
- 프로그램 사용 언어(LD) 선택

⬇

3 단계	프로그래밍하기

- 프로그래밍하기
- 프로그래밍 예제(자기유지회로)

⬇

4 단계	컴파일 및 메이크하기

- 컴파일과 메이크를 통해 실행 파일 만듦

⬇

5 단계	시뮬레이터

- 가상 운전을 통해 프로그램 동작 상황 확인

⬇

6 단계	프로그램 쓰기, PLC 운전 및 모니터

- PLC에 프로그램을 씌우기
- PLC 운전상태 변경 후 모니터

그림 2.1 프로그래밍 순서

(1) 1단계 : 프로젝트 만들기

- GMWIN 프로그램을 실행하면 아래와 같이 초기화면이 나온다.

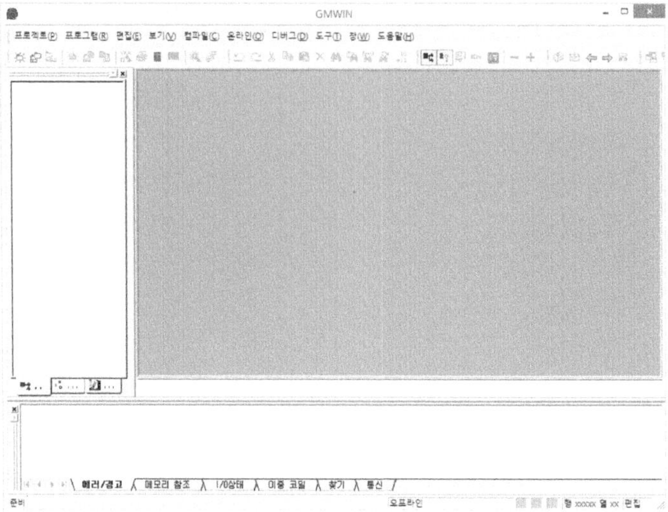

그림 2.2 GMWIN 프로그램 초기화면

- [프로젝트]-[새 프로젝트]를 클릭하여 새 프로젝트 대화상자를 불러 아래와 같이 입력을 완료한 후 다음을 클릭하여 프로그램을 정의한다.

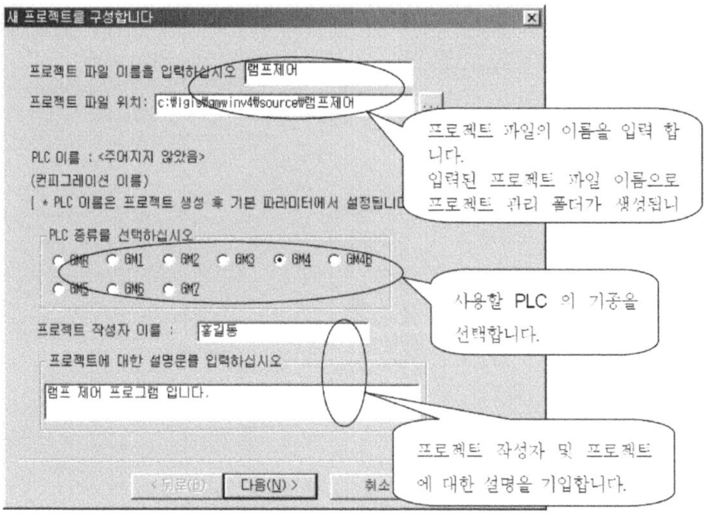

그림 2.3 프로젝트 구성 창

(2) 2단계 : 프로그램 만들기

- 아래와 같이 프로그램을 정의한 후 다음(N)을 클릭하여 프로그램에 포함될 프로그램을 구성한다.

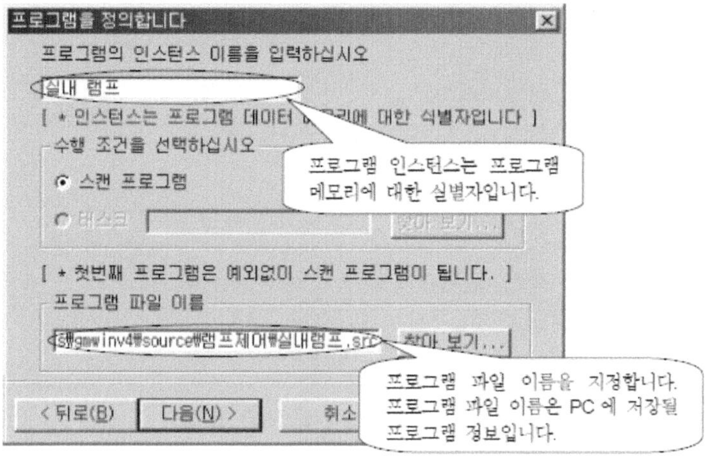

그림 2.4 프로그램 정의

- 아래와 같이 사용할 언어와 프로그램 설명문을 입력하고 마침을 클릭하면 프로젝트와 프로그램 정의가 완료된다.

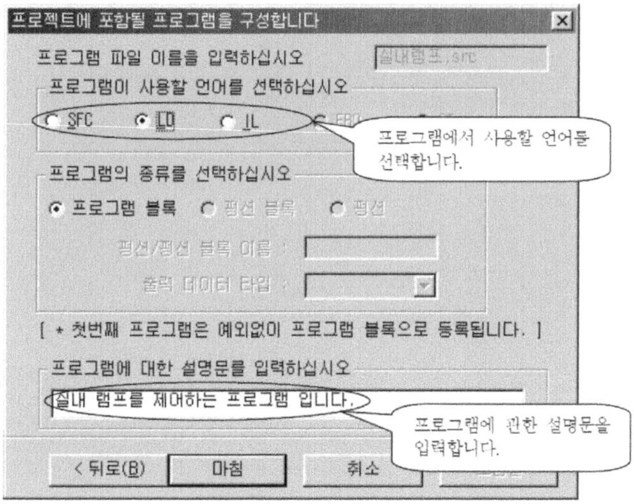

그림 2.5 프로그램 구성

- 프로젝트와 프로그램 정의가 완료되면 다음과 같은 GMWIN의 기본 화면이 나타난다. GMWIN은 그림과 같은 요소들로 구성되어 있다.

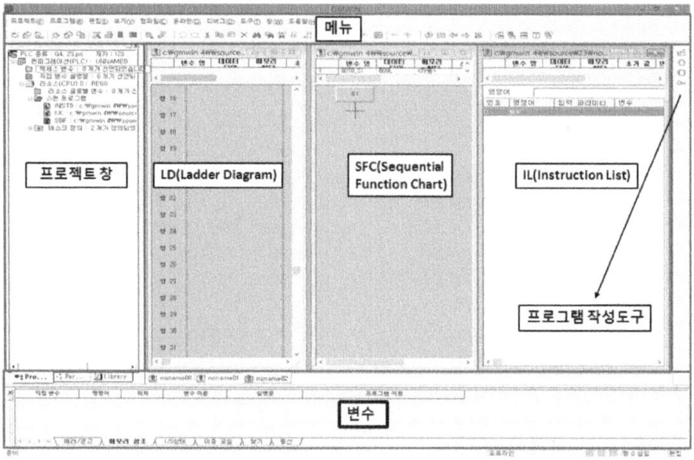

그림 2.6 GMWIN의 기본 화면

(3) 3단계 : 프로그래밍 하기

1) 접점 및 코일 편집

- 도구 바에서 사용하고자 하는 접점이나 코일을 선택한 후 프로그램 창에서 클릭하면 선택한 접점이나 코일이 화면이 나타난다.

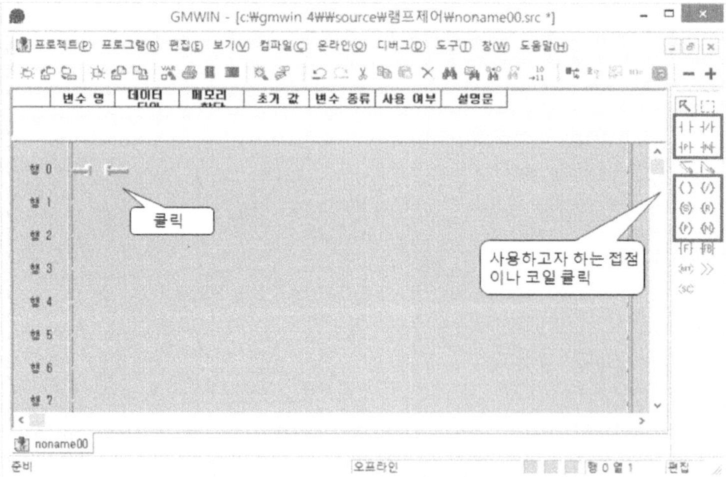

그림 2.7 GMWIN을 이용한 접점과 코일 편집

- 프로그램 창에서 접점이나 코일을 더블클릭한 후 변수이름을 설정하고 메모리를 할당한다.

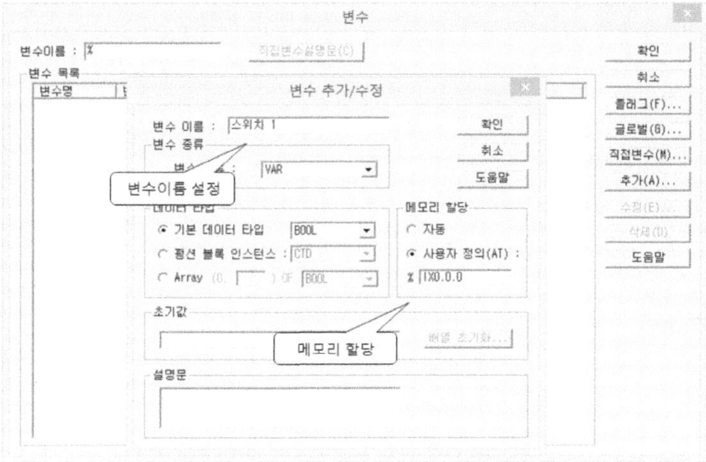

그림 2.8 변수명 설정 및 메모리 할당

2) 펑션블록(function block) 편집

- 도구 바에서 펑션(F)을 선택한 후 프로그램 창에서 클릭하면 펑션 선택 화면이 나타난다. 펑션 선택 화면에서 사용하고자 하는 펑션의 이름을 입력하고 "확인"을 클릭하면 프로그램 창에 펑션이 등록된다.

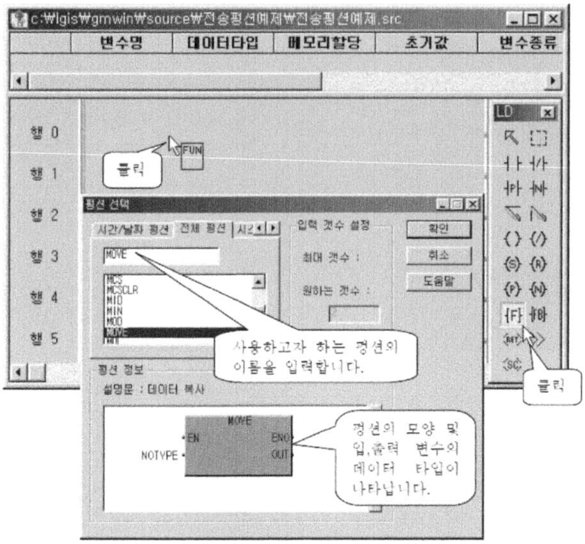

그림 2.9 GMWIN의 펑션블록 편집

3) 프로그래밍 예제(자기유지회로)

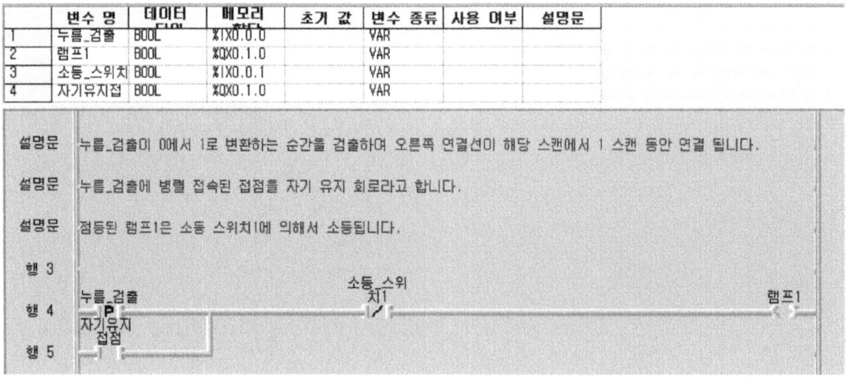

그림 2.10 프로그래밍 예제(자기유지회로)

(4) 4단계 : 컴파일 및 메이크

1) 컴파일(compile)

컴파일은 PC에서 작성한 소스 파일을 기계어로 바꾸어 주는 과정을 말한다.

2) 메이크

메이크(make)란 소스 파일 이외의 프로젝트 내 항목들을 연결시켜 주는 과정을 말한다.

3) 컴파일 및 메이크 하기

[컴파일]-[모두 컴파일]을 클릭하면 컴파일과 메이크가 동시에 실행된다.

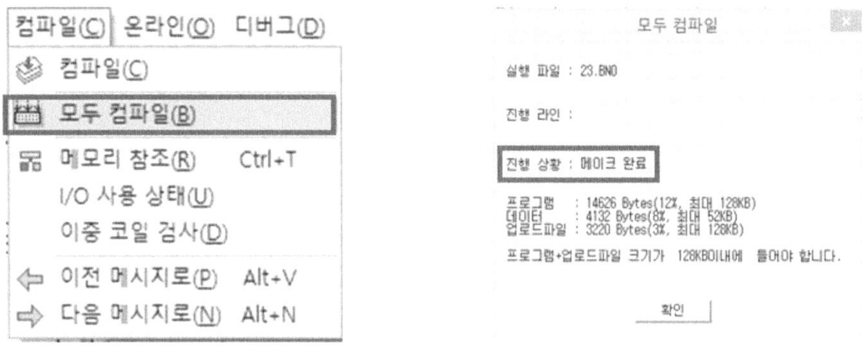

그림 2.11 컴파일 및 메이크 하기

(5) 5단계 : 시뮬레이터

- GMWIN은 PLC가 없어도 가상 운전을 해 볼 수 있도록 시뮬레이터 기능을 내장하고 있어 미리 프로그램의 동작 상황을 검사해 볼 수 있다.
- 프로그램 작성이 완료되면 [도구]-[시뮬레이터 시작]을 클릭하면 컴파일을 실행하고 PLC 모양이 화면에 나타난다. 시뮬레이터가 실행될 때는 CPU의 모드가 STOP 모드(S)로 되어 있다. 모드를 RUN(R)으로 선택한 후 시뮬레이터에 있는 입력 접점을 클릭하면 해당하는 접점이 ON 되며 프로그램 상에도 모니터링 표시가 된다.
- 3단계의 프로그램 예제(자기유지회로)를 시뮬레이션 하면 아래와 같다.

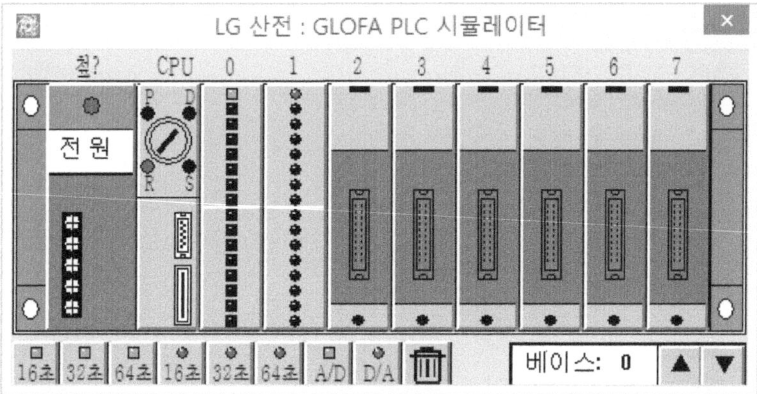

그림 2.12 시뮬레이터 창

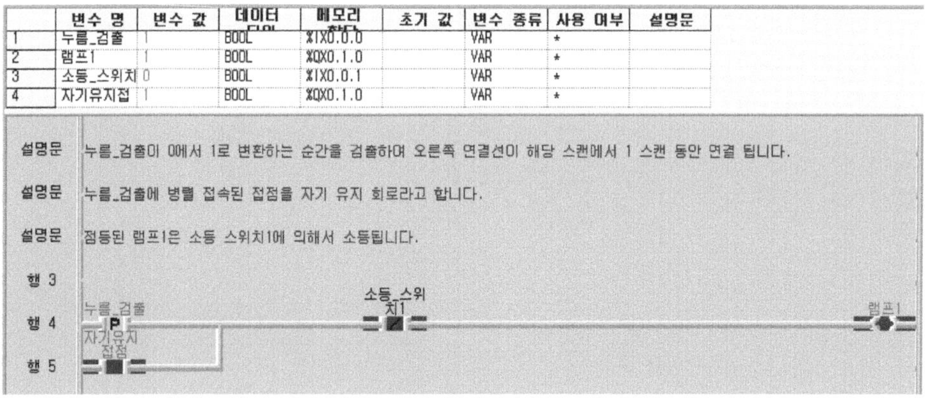

그림 2.13 GMWIN의 시뮬레이터 상황 모니터링 창

(6) 6단계 : 프로그램 쓰기, PLC 운전 및 모니터

- PC에서 작성한 프로젝트를 PLC의 프로그램 메모리 영역에 써 넣는 작업을 쓰기라고 한다. [온라인]-[접속+쓰기+모드전환(런)+모니터시작]을 클릭하면 쓰기 및 모니터가 동시에 실행된다.
- 쓰기 작업을 진행할 때, CPU가 리모트 모드로 전환되어 있는지 확인한다.

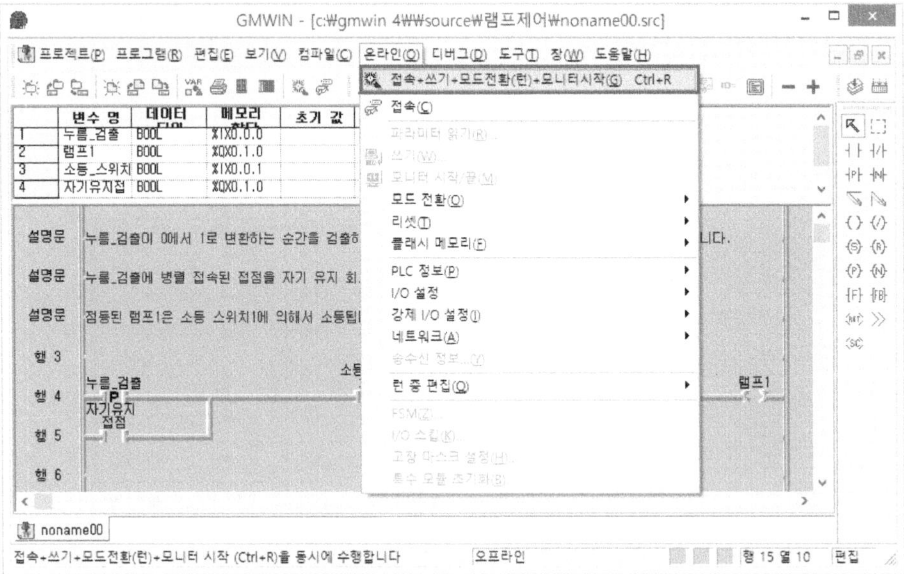

그림 2.14 프로그램 쓰기, PLC 운전 및 모니터

Ⅲ-3 PLC 프로그래밍 (AC모터의 속도제어)

3.3.1 프로그래밍에 사용된 펑션블록

(1) MOVE 펑션

펑 션	설 명
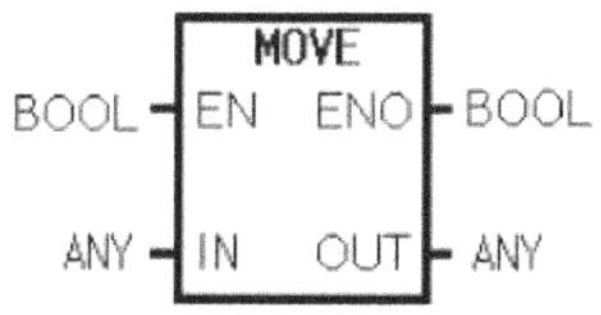	입력: EN:EN이 1일 때 펑션 실행 IN:전송할 값 또는 전송할 데이터가 저장된 변수 출력: EN0:펑션이 수행되면 1출력 OUT:데이터가 저장될 영역

(2) TON 펑션

펑 션	설 명
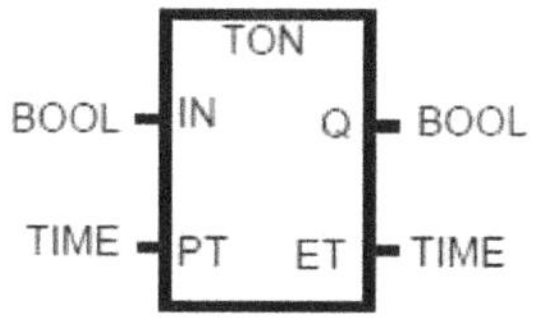	**입력:** IN:타이머의 기동 조건 PT:설정 시간 **출력:** Q:타이머 접점 출력 CV:경과 시간

(3) DA4INI 펑션블록

펑션블록	구분	변수명	설　　　명
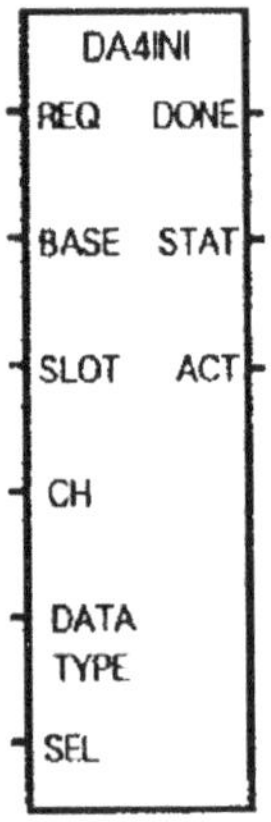	입력	REQ	펑션블록 실행요구 영역
		BASE	베이스 위치 번호
		SLOT	슬롯의 위치 번호
		CH	입력 데이터를 쓸 채널 번호 지정
		DATA	입력 데이터 타입 지정 영역 - 채널의 입력 디지털 데이터 타입의 종류를 설정하는 영역입니다. - “0”이면 데이터가 -192~16191 - “1”이면 데이터가 -8192~8191
		SEL	CPU 모듈이 Stop 상태이거나 해당 채널을 사용하지 않을 때 출력값을 선택하는 영역 - “0”이면 출력 범위의 중간값을 출력한다. - “1”이면 이전값을 출력한다. - “2”이면 출력 범위의 최대값을 출력한다. - “3”이면 출력 범위의 최소값을 출력한다.
	출력	DONE	펑션블록 실행 완료 상태 - 초기화 펑션블록이 에러 없이 실행 완료되면 “1”이 출력되고, 다음 실행 때까지 “1”을 유지하며 에러가 발생되면 “0”이 출력되면서 운전 정지 상태가 된다.
		STAT	에러 상태 표시 영역 - 초기화 펑션블록을 실행 중 에러가 발생되면 에러 번호를 출력하는 영역이다.
		ACT	운전 채널 표시 영역 - 초기화 펑션블록이 에러 없이 실행된 후 지정된 채널이 정상이면 “1”이 출력되고, 운전 지정이 안 된 채널은 “0”이 출력된다.

(4) DA4WR

펑션블록	구분	변수명	설 명
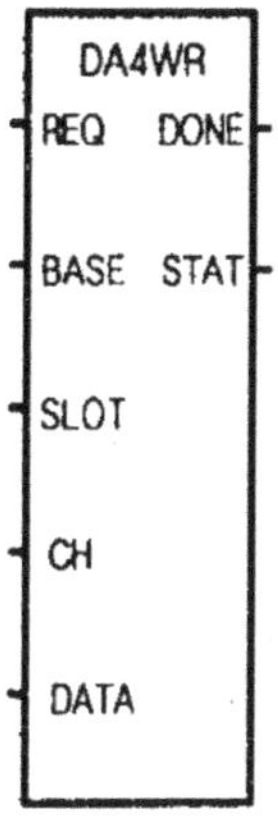 	입력	REQ	펑션블록 실행요구 영역
		BASE	베이스 위치 번호
		SLOT	슬롯의 위치 번호
		CH	입력 데이터를 쓸 채널 번호 지정
		DATA	D/A 변환값 입력 영역 - 채널의 입력 디지털 데이터를 설정하는 영역이다.
	출력	DONE	펑션블록 실행 완료 상태 - 초기화 펑션블록이 에러 없이 실행 완료되면 “1”이 출력되고, 다음 실행 때까지 “1”을 유지하며 에러가 발생되면 “0”이 출력되면서 운전 정지 상태가 된다.
		STAT	에러 상태 표시 영역 - 쓰기 펑션블록 실행중 에러가 발생되면 에러번호를 출력하는 영역이다.

3.3.2 AC모터의 속도제어 제어로직

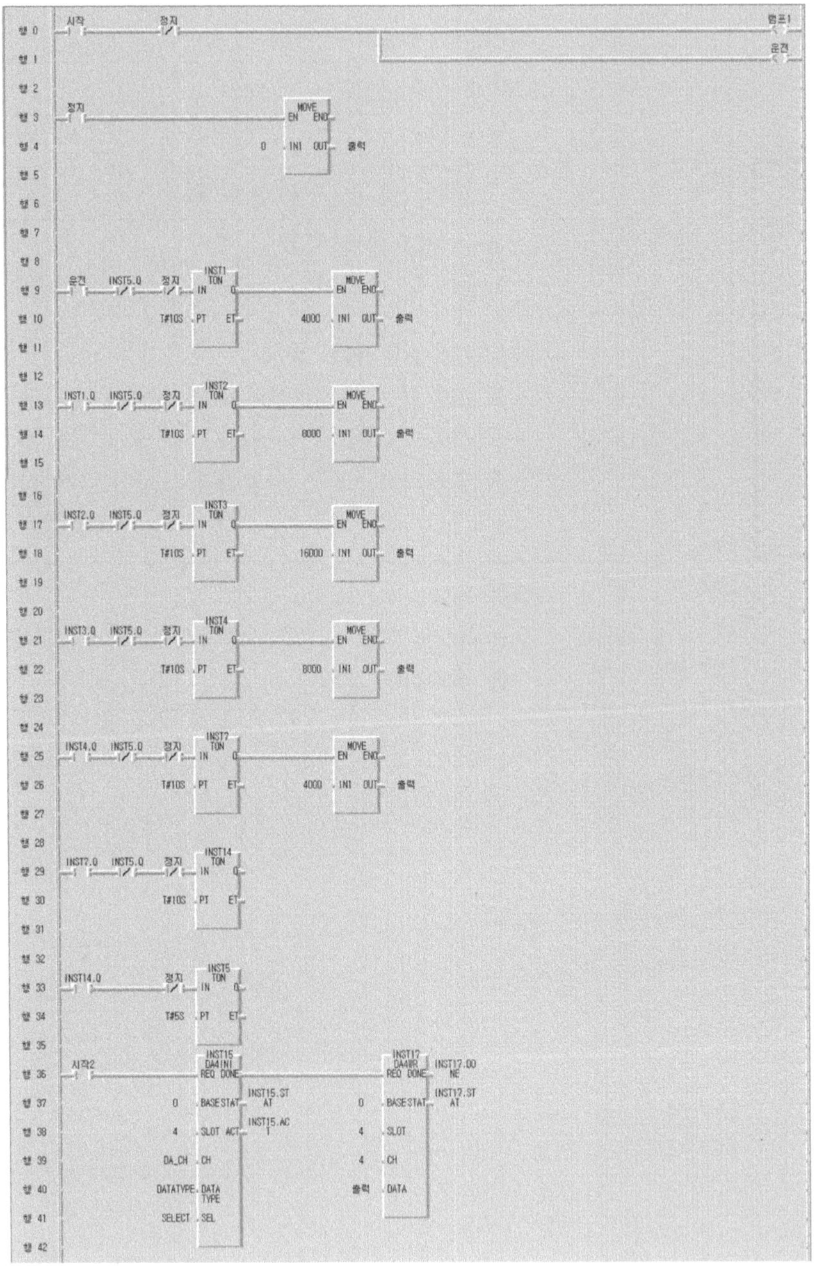

부록Ⅳ 공기조화장치 개요

Ⅳ-1 공기조화장치의 구성

4.1.1 표준 공기조화 실험장치 (KTE-1000AHU)

(1) 각 구성요소의 제원(specification)

구성	사양 및 특징
	[1] 압축기 - R-22, 1 HP(0.75 kW) - 전기사양: 3상 110 V, 60 Hz - 액분리기 포함
	[2] 응축기 - Model : IS-4425-YSB - Surface area : 47 ㎡ (12 step× 4 row× 34 5EL× 3/8") - 응축열량 : 1,175 kcal/h - 냉매 접속관 : 3/8 “(In/Out) - Fan and motor : 220 V, 50/60 Hz, 0.47 A
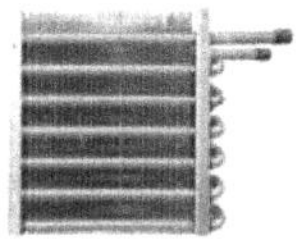	[3] 증발기 - Model : EV-15 - Surface Area : 1.5 ㎡ - Fin pitch : 2.5 mm - Tube : 3/8"× 7 step× 3 row× 16 5EL 외부 유입공기를 1차적으로 냉각하여 실내 유입 공기를 냉각하는 역할

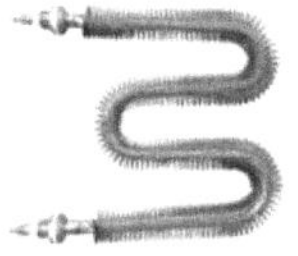	[4] 히터 - Model : 전기 Heater - Capacity : AC220 V, 500 W * 2 EA, 외부 유입공기를 1차적으로 가열하여 초기 실내 유입 공기를 가열하는 역할 ※ 가열범위는 안전을 위하여 60℃ 이내 설정
	[5] 송풍기 - Capacity : 680 ~ 765 ㎥/h - Size : Φ222 ㎜× 60 ㎜ 실내로 유입되는 공기를 불어넣는 역할을 하며 송풍량을 조절
	[6] 가습기 - Elec. : AC220 V× 60 Hz× 30 w - Head : 1000 mm - Q :13 ℓ/min - Max Cap. : 16 ℓ/min - Max Head : 2500 mm 실내로 유입되는 공기의 습도를 조절하는 역할

(2) 공기조화 덕트 구성

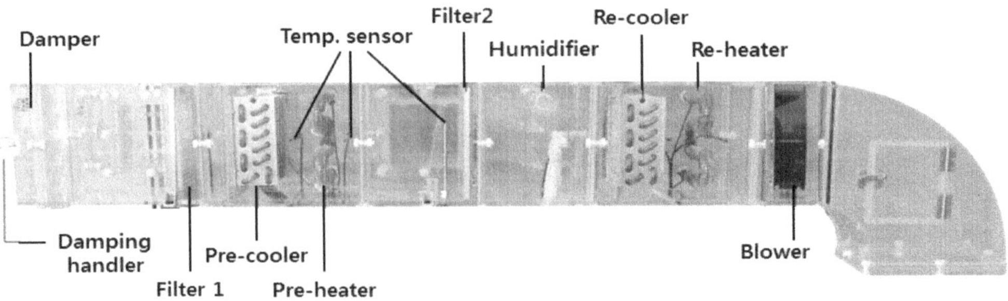

그림 1.1 공기조화 장치의 덕트

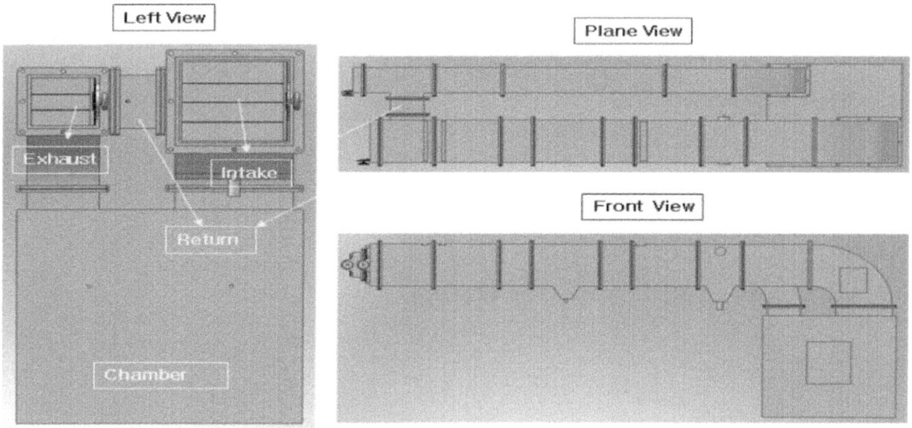

그림 1.2 공기조화 장치의 덕트 단면도

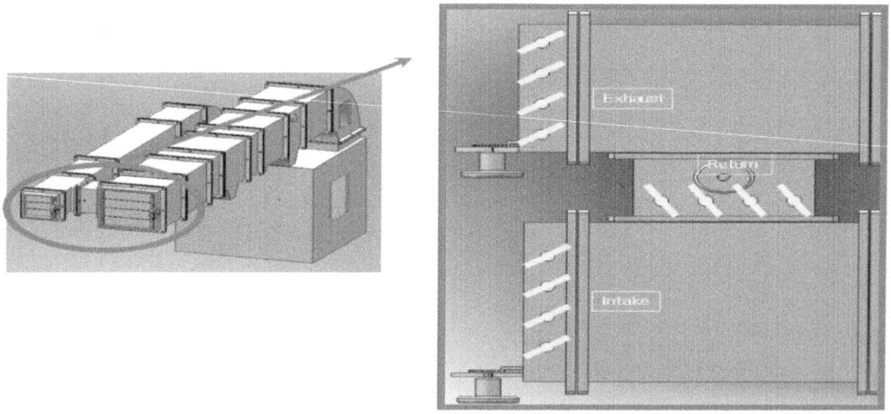

그림 1.3 공기조화 장치의 공기 입·출구

Ⅳ-2 공기조화 기초 이론

4.2.1 공기조화

거주자의 쾌적성 증대, 외부오염의 방지, 작업능률의 향상을 위해 최적의 실내 공기 조건을 조성해 주기 위해서는 공기조화의 4요소를 조정해야 한다.

◎ 공기조화의 4요소: 「온도」,「습도」,「기류」,「청정도」

4.2.2 습공기의 성질

- 대기 : 수분(water vapor) + 오염물질(contaminants) + 수 종의 기체 (many gases)

  체적비 : N(78.084%), O(20.9476%), CO_2(0.0314%), Ar(0.934%), He(0.000524%)

- 건공기 : 대기에서 수분 및 오염물질을 제거한 공기. 지상 6,000 m 이상에서는 건공기(dry air)만 있다.
- 습공기 = 건공기 + 수분

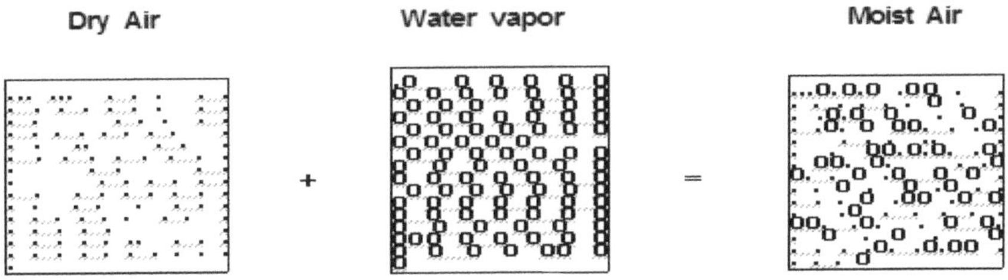

압력 :	p_a	p_v	$p_a + p_v = P$
체적 :	V	V	V
중량 :	1 kg	x	(1+ x) kg

그림 2.1 습공기의 구성

- 습도(Humidity) : 습공기 중에 수분을 함유하고 있는 정도를 나타낸 값
- 절대습도(Absolute humidity) : 습공기에 포함되어 있는 수분과 건공기와의 중량비 〔kg/kg〕

$$x = 0.622\,\frac{p_v}{P - p_v}\,[kg/kg\boldsymbol{DA}] \tag{2.1}$$

- 상대습도(Relative humidity) : 습공기 중의 수증기 분압(p_v)과 그 온도에 있어서의 포화공기의 수증기 분압(p_{vs})의 비

$$\phi = \frac{p_v}{p_{vs}} \times 100\,[\%] \tag{2.2}$$

- 수증기 분압(Vapor pressure): 습공기 중의 수증기의 압력을 말하며, P_v[mmHg, atm]로 표시함. 포화공기의 수증기 분압은 P_{vs}로 표시한다.

$P_v = P_{vs}$ saturated air
$P_v < P_{vs}$ unsaturated air
$P_v = 0$ dry air
$P = P_a + P_v$

4.2.3 현열(sensible heat)과 잠열(latent heat)

- 전열(全熱) = 현열 + 잠열

◎ **현열** : 물체의 온도가 가열, 냉각에 따라 변화하는 데 필요한 열량이다. 감열이라고도 하며, 물질의 상태 변화가 없다.

◎ **잠열** : 어떤 물질이 온도 변화 없이 상태 변화만 일으키는 데 필요한 열량이다.

4.2.4 습공기선도

(1) 습공기선도(h-x선도)

습공기선도란 습공기의 특성값들을 나타내는 그림으로 그림 2.2와 같다. 습공기선도에서 전압력을 어떤 값으로 결정하고, 습공기의 열역학적 상태량 중의 두 개의 값을 결정하면 다른 열역학적 상태량도 결정된다. 따라서 습공기의 어떤 두 가지의 상태량을 기준으로 좌표축에 나타내면 다른 상태량도 그 선도상에 모두 나타낼 수 있다.

표 2.1 습공기의 제반 상태의 기호, 단위

상태량	축약어	기호	단위
건 구 온 도	DB	t	℃
습 구 온 도	WB	t'	℃
노 점 온 도	DP	t''	℃
절 대 습 도		x	kg/kg(DA)
상 대 습 도	RH	φ	%
비 교 습 도		ψ	%
비 용 적		v	㎥/kg(DA)
비 엔 탈 피		h	kJ/kg(DA)
비 엔트로피		s	kJ/kg(DA)K

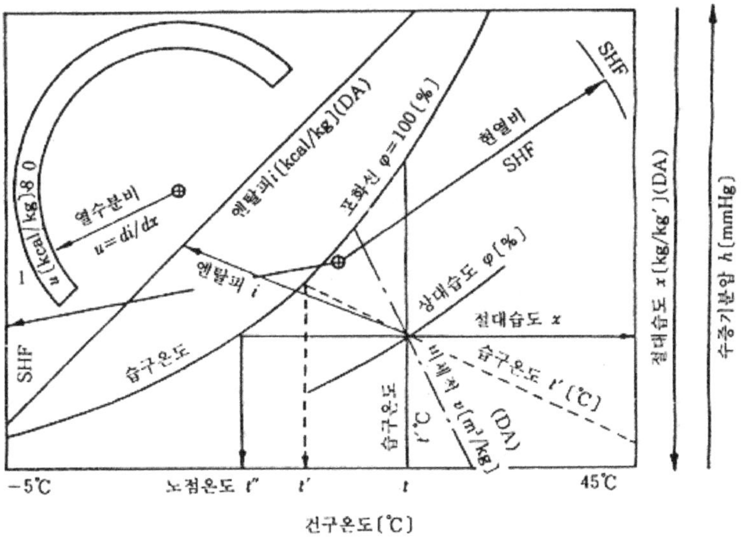

그림 2.2 습공기선도의 구성

(2) 공기조화 프로세스의 기본식

A상태의 습공기(x_1, h_1) G[kg]에 외부로부터 q[kW]의 열량을 가하고, 엔탈피 h_L인 수분 L[kg]을 가하여 B상태의 공기(x_2, h_2)로 변환되었다. 이때, 엔탈피의 변화량을 dh, 절대습도의 변화량을 dx라 하면, 다음의 관계식이 성립한다.

$$G.dh = G(h_2 - h_1) = q + Lh_L$$

$$G.dx = G(x_2 - x_1) = L$$

$$\therefore u = dh/dx = q/L + h_L$$

여기서, 공기가 냉각될 때의 q는 "-"이며, 감습될 때 L은 "-"이다. 또한, u는 열수분비로, 공기의 온도, 습도가 동시에 변화될 때의 절대습도(수분)의 변화량에 대한 엔탈피의 변화량이다. 따라서 최초 A상태의 공기는 A점을 통과하는 기울기가 u인 직선상에서 변화한다.

u값과 상태선의 방향에 의해서 공기의 상태 변화를 나타내면, 그림 2.3과 같다. 여기서 말하는 가열 및 냉각은 엔탈피의 증감을 의미하며, 공기 건구온도의 상승 및 강하만을 의미하는 것은 아니다.

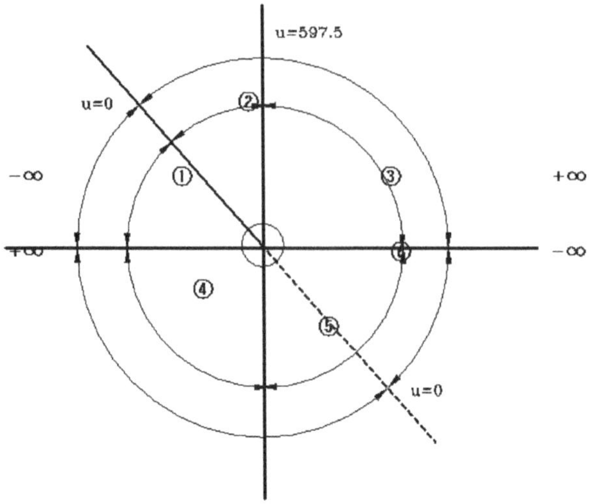

① :	0	≥	u	≥	-∞	: 냉각가습
② :	597.5	≥	u	≥	0	: 가열가습
③ :	∞	≥	u	≥	597.5	: 가열가습
④ :	∞	≥	u	≥	597.5	: 냉각감습
⑤ :	597.5	≥	u	≥	0	: 냉각감습
⑥ :	0	≥	u	≥	-∞	: 가열감습

*단위 $[kcal/kg]$

그림 2.3 열수분비에 따른 공기 상태 변화

(3) 현열비(SHF ; Sensible Heat Factor)

현열의 변화량 q_s와 전열량의 변화량 $(q_s + q_L)$의 비를 현열비라고 하며, 다음 식 (2.3)과 같이 나타낸다.

$$SHF = \frac{q_s}{q_s + q_L} \tag{2.3}$$

$$SHF = \frac{1.0(t_2 - t_1)}{1.0(t_2 - t_1) + 2501(x_2 - x_1)}$$

$$(x_2 - x_1) = \frac{1.0}{2501}\left(\frac{1}{SHF} - 1\right)(t_2 - t_1)$$

이 식은 절대습도의 변화량($x_2 - x_1$)과 건구온도의 변화량($t_2 - t_1$)의 관계를 나타내는 1차식이므로 직선적으로 변화하는 것을 의미하며, 습공기선도상의 상태점 A(t_1, x_1)와 상태점 B(t_2, x_2)를 연결하는 직선의 기울기는 SHF에 의해 결정된다는 것을 의미한다.

q_s와 q_L을 냉방 시의 실내 현열부하와 실내 잠열부하라고 하면, 송풍 공기의 상태 A(t_1, x_1)는 실내 공기의 상태점 B(t_2, x_2)에서 현열비와 평행하게 그은 직선상에 있다.

(4) 공기조화의 기본 프로세스

1) 가열, 냉각 열량계산 (qSH) : 현열 변화

$$qSH = Cp \cdot G \cdot \Delta t\,[kcal/h] \tag{2.4}$$

qSH : 가열량(냉각량) $[kcal/h]$

C_p : 공기의 비열 $[kcal/kg \cdot ℃]$ = 0.24 $[kcal/kg \cdot ℃]$

G : 공기의 중량 $[kg/h]$ = 풍량$[m^3/h]$ ÷ 비체적$[m^3/kg']$

Δt : 가열(냉각) 전후의 온도차 [℃]

$$qSH = 0.29 \cdot Q \cdot \Delta t\,[kcal/h] \tag{2.5}$$

Q : 풍량 $[m^3/h]$

(공기의 비체적 : 0.83 $[m^3/kg']$)

$$qSH = G \cdot \Delta h = (Q \cdot \Delta i)/v'\,[kcal/h] \tag{2.6}$$

Δh : 가열(냉각) 전후의 엔탈피 차

v' : 비체적 $[m^3/kg']$

2) 공기의 가습(감습)만 하는 경우

가습, 감습 열량 계산 (qLH) : 잠열변화. 즉, 점 A에서 B까지 가습(혹은 감습)하는 데 필요한 가습량(혹은 감습량)은 절대습도만의 변화이므로 다음 식과 같이 된다.

$$L = G \cdot (xB - xA)\,[kg/h] \tag{2.7}$$

L : 가습량 혹은 감습량 $[kg/h]$

G : 공기의 중량(풍량) $[kg/h]$

xA, xB : 점 A, B의 절대습도 $[kg/kg']$

물의 증발잠열을 $Y_o[kcal/kg']$ (0℃ 기준 Y_o = 597.1 $kcal/kg'$)라 하면 잠열 증가량 (혹은 감소량) $qLH[kcal/h]$는,

$$\begin{aligned} qLH &= Y_o \cdot L\,[kcal/h] \\ &= Y_o \cdot G \cdot (xB - xA)\,[kcal/h] \\ &= 597 \cdot G \cdot (xB - xA)\,[kcal/h] \\ &= 720 \cdot Q \cdot (xB - xA)\,[kcal/h] \end{aligned} \tag{2.8}$$

공기선도상의 엔탈피 변화 기준으로

$$qLH = G \cdot (hB - hA)\,[kcal/h]$$

3) 바이패스 팩터 (Bypass Factor)

실제 냉각코일을 통과하는 공기를 코일과 완전히 접촉시키는 것은 불가능하며, 공기의 일부는 입구 공기인 상태로 그냥 통과한다. 그냥 통과하는 공기를 바이패스 공기, 코일과 완전히 접촉한 공기를 콘택트 공기라 부르며, 바이패스 공기와 전통과 공기와의 풍량 비율을 바이패스 팩터(bypass factor)라고 한다.

예) 코일을 통과하는 공기가 100 [㎥/h]이고, 이중 입구 공기인 채로 코일을 그냥 통과한 공기가 10 [㎥/h]이라면, 바이패스 팩터는 10/100 = 0.1이 된다.

⇒ 코일의 효율이 90%임을 의미

4) 공기의 혼합 변화

위생기구의 혼합밸브(mixing valve)를 이용해, 냉수와 온수를 혼합하여 수도꼭지에서 나오는 수온을 조절하는 것과 같이 공기조화에서도 경제성 또 제어상의 이유에서 상태가 다른 두 가지 공기를 혼합해서 사용할 때가 많다.

5) 순환수 가습 : 단열 변화

공기세정기(air washer)에서 분무수가 분무를 시작한 다음, 잠시 동안은 그 온도가 점점 내려가나 어느 일정 온도에 이르면 그 이하로 내려가지 않게 된다. 바꾸어 말하면, 이 공기세정기를 통과하는 공기의 상태는 습구온도선상 최초 공기의 상태점을 통과하는 포화곡선을 향하여 이동하게 된다. 공기는 건구온도가 내려감(냉각)과 동시에 절대 습도가 증가(가습)하게 된다.

6) 송풍온도와 송풍량

현열비가 얻어지면 소정의 실내 온·습도를 유지하기 위하여 어떤 상태의 공기를 보내야 할 것인가를 습공기선도상에서 얻을 수 있다. 즉, 공기의 상태 변화선이 선도상에 표기되는 데 현열비 선이 이 상태 선을 가리킨다. 상태 선상에 있는 점은 모두 실내로의 송풍 상태를 나타내며, 실내로의 송풍 상태점은 모두 이 선상에 있게 된다. 다만, 여기서 말하는 송풍 상태란 코일의 출구 상태를 의미하며, 실내에서의 토출 상태는 송풍기, 급기덕트에서의 건구온도 상승분(1 ~ 1.5℃)만큼 변화한다.

코일 출구 온도가 결정되면 공기조화용 송풍량은 다음 식과 같이 결정된다.

$$\boldsymbol{G} = 0.24(tr - td)[kg/h],\ \ \boldsymbol{Q} = 0.29(tr - td)[m^3/h] \tag{2.9}$$

여기서 $\boldsymbol{G}$, $\boldsymbol{Q}$: 송풍량 $[kg/h]$, $[m^3/h]$

$q\boldsymbol{SH}$: 실내취득 현열량 $[kcal/h]$

tr : 실내 온도 [℃]

td : 송풍공기 온도 [℃]

$\boldsymbol{Q} = 0.29(tr - td')(1 - \boldsymbol{BF})[m^3/h]$

td' : 코일의 ADP [℃]

$\boldsymbol{BF}$: 바이패스 팩터

기계공학도를 위한

전기기초실험

2018년 8월 20일 초판 인쇄

2018년 8월 25일 인쇄 발행

저 자 정석권

발 행 인 송기수

발 행 처 도서출판 GS인터비전

편 집 처 도서출판 GS인터비전

인 쇄 처 대명프린팅

등 록 번 호 제 25100-2016-000050호

I S B N 979-11-5576-246-2(93550)

주 소 서울 은평구 증산로 15길 69 2층

전 화 02-976-7898, 02-3272-7898.

팩 스 02-6468-7898

홈 페 이 지 gsintervision.co.kr

E-Mail gsinter7@gmail.com

정 가 20,000원